# 線形代数

江崎ひろみ

石川琢磨

前原和寿

共著

学術図書出版社

# はじめに

東京工芸大学工学部では，専門の教育を受けるにあたり，理解していないと困るような数学の基本の部分を取り上げて，その意味を丁寧に説明し，計算力を身に付けさせるという方針で数学教育を行っている．

学生諸子からは，独力で読みこなせるテキストがほしいという要望が強く，その要望に応えるために，これまでの教育経験を踏まえて，基本を丁寧に解説することを目的とした教科書を数学教員が分担して執筆することにした．

今回作成した教科書は，基礎数学，微分積分学，線形代数の3分冊とした．

本書「線形代数」という表題で，線形代数の基礎力を身に付けることを目的としている．「基礎数学」の内容を理解した後，その知識をもとに工学部の専門分野で使われる数学の基礎を身に付けることを目的としている．

本書の執筆に際して，「高校で数学を十分には学習してこなかったが，専門教育を受けるにあたって，ひどい困難を感じないで済むように準備しておきたい」学生のために役に立つようにと心がけた．高校2年までの数学に不安を感じる場合は，まず「基礎数学」で復習を済ませておいてほしい．その上で本書を読むことを勧める．「専門教育で使われる数学の基礎知識を身に付けておく」という目的のためには，技巧を必要とする計算や，複雑な計算などは必要ないので省いてある．基本的な概念の意味が理解できることを主眼とし，取り上げた内容も東京工芸大学工学部で初年次に実際に教育しているものだけに限定した．

説明もできるだけ簡潔で過不足のないものにしたいと考え，数学的な厳密さにはこだわらずに，直観的に理解しやすいものにしたつもりである．まず，直観的に理解でき，いろいろな問題を解けるようになることが大事であり，後で必要がでてきたら厳密な考え方を学んでいけばよいと思う．そのために，厳密

な定義や概念の細かい区別は意識して立ち入らず，わかりやすさを第一として解説した．初学者にとっては詳しく説明するとかえって混乱すると思われる場合は，あえて説明を省き，あいまいなままに論を進めた．

　本書は各章を節に分け，1つの節がおよそ1回90分の講義の分量となるようにした．本文中に例題をおき理解しやすくし，その直後においた問 (練習問題) は，例題の解説を読めばすぐに解けるように配慮した．例題の説明は独力で読めるよう，途中の式も極力丁寧に書くようにした．各節末の問題も授業でそのまま演習問題として使えるように，難易度が例題と同程度の問題を載せた．問および節末問題のうち，計算問題については計算間違いかどうかを確認できるよう解答の結果のみを付けた．

　「付録」では，本文では詳しく説明できなかった内容について解説したので，意欲のある人は読んでほしい．

　　2008年10月

　　　　　　　　　　　　　　　　　　　　　　　　　　　　著者一同

# 目　次

## 第 1 章　ベクトルと複素数　　1
- 1.1　ベ ク ト ル　　2
- 1.2　ベクトルの内積　　9
- 1.3　複　素　数　　17
- 1.4　複素数の極形式　　22
- 1.5　ド・モアブルの公式と複素数の $n$ 乗根　　26

## 第 2 章　行　列　　31
- 2.1　行列の和，差，スカラー倍　　32
- 2.2　行　列　の　積　　41
- 2.3　いろいろな行列　　47
- 2.4　正則行列と逆行列　　50
- 2.5　行列の基本変形と階数　　54
- 2.6　連立 1 次方程式と行列　　66
- 2.7　連立 1 次方程式の解の構造と階数　　72

## 第 3 章　行　列　式　　79
- 3.1　行列式の定義　　80
- 3.2　行列式の性質　　85
- 3.3　行列式の余因子展開　　91
- 3.4　逆行列と連立 1 次方程式　　98

## 第 4 章　行列の対角化　　107
- 4.1　固有値と固有ベクトル　　108

| | | |
|---|---|---|
| 4.2 | 2次正方行列の対角化 | 117 |
| 4.3 | 3次正方行列の対角化 | 120 |
| 4.4 | 対称行列と直交行列 | 125 |

## 付録 A 行列の基本性質と応用 — 135

| | | |
|---|---|---|
| A.1 | 行基本変形への分解 | 136 |
| A.2 | 階数の不変性 | 141 |
| A.3 | 行列の積の階数の評価 | 144 |
| A.4 | 階数による連立1次方程式の解の構造の分類 | 146 |

索 引 … 148

# ベクトルと複素数

　この章では，ベクトルと複素数について学ぶ．ベクトルは物理などで使った人も多いと思う．工学の中でよく使われる便利な表し方である．そのベクトルの基本的な性質と計算法を学ぶ．
　複素数はほとんどの人がおなじみであろう．2次方程式の解の求め方に利用されるほか，広く工学の各分野で用いられている．この章で複素数の基本をしっかりと学んでおこう．

## 1.1 ベクトル

◇ ベクトルとは何か

速度や力のように，その大きさだけでなく向きが重要な量がある．このように大きさと向きをもつ量を**ベクトル**とよぶ．これに対して，質量や温度のように 1 つの数で表される量を**スカラー**とよぶ．ベクトルを表すには矢印を用いて，矢印の長さと向きによってその大きさと向きを表す．

もう少し正確にベクトルを定義しよう．図のように，平面上または空間内に 2 点 P, Q があるとき，P から Q へ向かう向きをもった線分を**有向線分** PQ といい，$\overrightarrow{PQ}$ のように表す．P を**始点**，Q を**終点**という．有向線分の始点の位置を考えないで，向きと大きさだけに注目したとき，それをベクトルという．

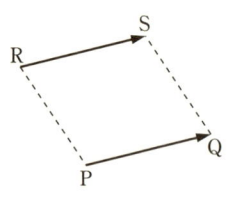

2 つの有向線分 $\overrightarrow{PQ}$ と $\overrightarrow{RS}$ は，その大きさと向きが同じであるとき，ベクトルとして等しいという．

$$\overrightarrow{PQ} = \overrightarrow{RS}$$

ベクトルは 1 つの文字で表すときには，$\boldsymbol{a}$ のように太文字や $\vec{a}$ などのように矢印をつけて表す．ベクトル $\overrightarrow{PQ}$ の大きさは $|\overrightarrow{PQ}|$ で表す．実数の絶対値と同じ記号であるが，中身がベクトルのときは絶対値ではなく，ベクトルの大きさを表す記号であるので，混同しないよう注意しよう．特に，始点と終点が一致した大きさが零のベクトルを**零ベクトル**といい，$\boldsymbol{0}$ または $\vec{0}$ と表す．零ベクトルの向きは定義されない．

**例題 1.1** 右図のような正六角形において，$\overrightarrow{AB}$ に等しいベクトルはどれか．

**解答** $\overrightarrow{AB}$ と $\overrightarrow{ED}$ は向きが等しく，大きさも同じであるから，$\overrightarrow{AB} = \overrightarrow{ED}$ である．

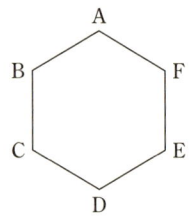

**問 1.1** 例題 1.1 の図において，$\overrightarrow{BC}$ に等しいベクトルはどれか．また，$\overrightarrow{AC}$ に等しいベクトルはどれか．

◇ ベクトルのスカラー倍

ベクトル $a$ と実数 $k$ に対して，$a$ の $k$ 倍，$ka$ とは図のように

1) $k > 0$ のとき，$ka$ は $a$ と同じ向きで，大きさが $k$ 倍のベクトル

2) $k < 0$ のとき，$ka$ は $a$ と反対の向きで，大きさが $|k|$ 倍のベクトル

3) $k = 0$ のとき $\mathbf{0}$

とする．

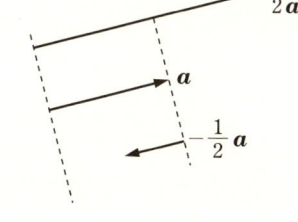

特に，$k = -1$ のときは，$(-1)a$ は $a$ と大きさは同じで向きが反対のベクトルになる．これを $-a$ と書き，$-a$ を $a$ の逆ベクトルという．

また，大きさが 1 のベクトルを**単位ベクトル**という．$a \neq \mathbf{0}$ のとき，$a$ と同じ向きの単位ベクトルを $e$ とすると，

$$e = \frac{a}{|a|}$$

となる．

◇ ベクトルの和と差

2 つのベクトル $a, b$ の和は，図のように $a$ の終点に $b$ の始点が重なるように $b$ を平行移動させたとき，$\overrightarrow{AC}$ を $a + b$ と定める．

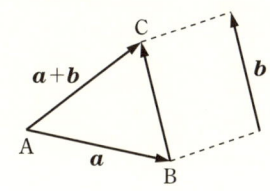

**問 1.2** 右図において，$a + b$ と $c + a$ を図示せよ．

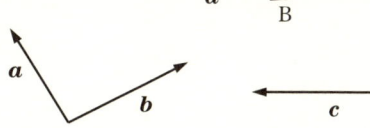

ベクトルの和とスカラー倍については以下の法則が成り立つ.

--- ベクトルの和とスカラー倍の性質 ---

(1) $a + b = b + a$
(2) $(a + b) + c = a + (b + c)$
(3) $a + 0 = 0 + a = a$
(4) $a + (-a) = 0$
(5) $k(a + b) = ka + kb$
(6) $(k + l)a = ka + la$
(7) $k(la) = (kl)a$　　($k, l$ は実数)

2つのベクトル $a, b$ の差は,

$$a - b = a + (-b)$$

と定める. つまり, 図のように $b$ の逆ベクトルを $a$ に加えればよい.

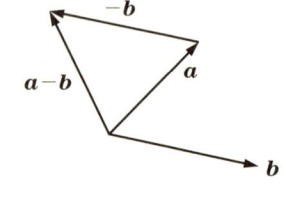

**問 1.3** 右図において, $a - b$ と $c - a$ を図示せよ.

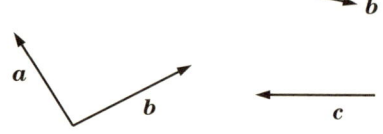

◇ ベクトルの成分表示

ベクトルは座標を用いて表すと, その向きや大きさを正確に表現することができる. まず, 平面のベクトルについて考えてみよう.

右図のような座標平面上で, $x$ 軸および $y$ 軸の正の向きと同じ向きの単位ベクトルをそれぞれ $e_1, e_2$ で表す. 以下では, ベクトルの始点は原点とする.

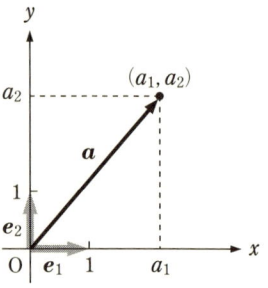

図のように，あるベクトル $\boldsymbol{a}$ の終点の座標を $(a_1, a_2)$ とすると，$\boldsymbol{a}$ は
$$\boldsymbol{a} = a_1 \boldsymbol{e}_1 + a_2 \boldsymbol{e}_2$$
と表される．この $a_1, a_2$ をそれぞれベクトル $\boldsymbol{a}$ の $x$ 成分，$y$ 成分といい，
$$\boldsymbol{a} = (a_1, a_2)$$
と書く．これをベクトル $\boldsymbol{a}$ の**成分表示**という．

成分表示されたベクトルの大きさは，三平方の定理から次のようになる．

---
**ベクトルの大きさ**

$\boldsymbol{a} = (a_1, a_2)$ のとき　$|\boldsymbol{a}| = \sqrt{{a_1}^2 + {a_2}^2}$

---

**例題 1.2** 平面に 2 点 A$(1,2)$, B$(4,3)$ があるとき，ベクトル $\overrightarrow{AB}$ を成分で表せ．

**解答** $\overrightarrow{AB}$ の始点を原点に平行移動させると，終点の座標は $(3,1)$ となる．したがって，$\overrightarrow{AB} = (3,1)$．

あるいは，$\overrightarrow{AB} = \overrightarrow{OB} - \overrightarrow{OA} = (4,3) - (1,2) = (3,1)$ としてもよい． ∎

**問 1.4** 平面に 2 点 A$(-1,-2)$, B$(2,4)$ があるとき，ベクトル $\overrightarrow{AB}$ を成分で表せ．

◇ **成分表示されたベクトルの和と差**

2 つのベクトル $\boldsymbol{a} = (a_1, a_2)$, $\boldsymbol{b} = (b_1, b_2)$ の和は

$$\boldsymbol{a} + \boldsymbol{b} = (a_1 \boldsymbol{e}_1 + a_2 \boldsymbol{e}_2) + (b_1 \boldsymbol{e}_1 + b_2 \boldsymbol{e}_2) = (a_1 + b_1) \boldsymbol{e}_1 + (a_2 + b_2) \boldsymbol{e}_2$$

となるので，$\boldsymbol{a}$ と $\boldsymbol{b}$ の対応する成分どうしを足し合わせればよいことがわかる．

また，スカラー $k$ に対して，$\boldsymbol{a}$ の $k$ 倍は

$$k \boldsymbol{a} = k(a_1 \boldsymbol{e}_1 + a_2 \boldsymbol{e}_2) = k a_1 \boldsymbol{e}_1 + k a_2 \boldsymbol{e}_2$$

となるので，各成分を $k$ 倍すればよいことがわかる．

ベクトルの差 $\boldsymbol{a} - \boldsymbol{b}$ はベクトル $\boldsymbol{b}$ を $-1$ 倍して $\boldsymbol{a}$ に加えればよいから，成

分表示では
$$\boldsymbol{a} - \boldsymbol{b} = (a_1 - b_1)\boldsymbol{e}_1 + (a_2 - b_2)\boldsymbol{e}_2$$
となることがわかる．

まとめると次のようになる．

---
**成分表示されたベクトルの和，差，スカラー倍 (平面のベクトル)**

2つのベクトル $\boldsymbol{a} = (a_1, a_2)$, $\boldsymbol{b} = (b_1, b_2)$ について
$$\boldsymbol{a} + \boldsymbol{b} = (a_1 + b_1, a_2 + b_2)$$
$$\boldsymbol{a} - \boldsymbol{b} = (a_1 - b_1, a_2 - b_2)$$
$$k\boldsymbol{a} = (ka_1, ka_2) \quad (k\text{ は実数})$$

---

**例題 1.3** $\boldsymbol{a} = (-1, 2)$, $\boldsymbol{b} = (2, 3)$ について，$\boldsymbol{a} + \boldsymbol{b}$, $2\boldsymbol{a} - 3\boldsymbol{b}$ を成分表示せよ．また，$|2\boldsymbol{a} - 3\boldsymbol{b}|$ はいくらか．

**解答** $\boldsymbol{a} + \boldsymbol{b} = (1, 5)$
$2\boldsymbol{a} - 3\boldsymbol{b} = 2(-1, 2) - 3(2, 3) = (-8, -5)$
$|2\boldsymbol{a} - 3\boldsymbol{b}| = \sqrt{(-8)^2 + (-5)^2} = \sqrt{89}$

**問 1.5** $\boldsymbol{a} = (1, -3)$, $\boldsymbol{b} = (-2, 2)$ について，$\boldsymbol{a} + \boldsymbol{b}$, $-2\boldsymbol{a} + 4\boldsymbol{b}$ を成分表示せよ．また，$|-2\boldsymbol{a} + 4\boldsymbol{b}|$ はいくらか．

空間のベクトルも同様に成分表示することができる．

右図のように，$z$ 軸の正の向きと同じ向きの単位ベクトルを $\boldsymbol{e}_3$ とし，$\boldsymbol{a}$ の終点の座標を $(a_1, a_2, a_3)$ とすれば，
$$\boldsymbol{a} = a_1 \boldsymbol{e}_1 + a_2 \boldsymbol{e}_2 + a_3 \boldsymbol{e}_3$$
となる．この $a_1, a_2, a_3$ をそれぞれベクトル $\boldsymbol{a}$ の $x$ 成分，$y$ 成分，$z$ 成分という．

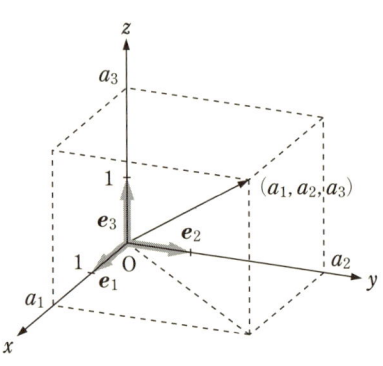

空間のベクトルの和や差の成分表示は平面の場合と同様であるので，ここでは結果だけをまとめて示そう．

---
**成分表示されたベクトルの和と差 (空間のベクトル)**

2つのベクトル $\boldsymbol{a} = (a_1, a_2, a_3)$, $\boldsymbol{b} = (b_1, b_2, b_3)$ について

$$\boldsymbol{a} + \boldsymbol{b} = (a_1 + b_1, a_2 + b_2, a_3 + b_3)$$
$$\boldsymbol{a} - \boldsymbol{b} = (a_1 - b_1, a_2 - b_2, a_3 - b_3)$$
$$k\boldsymbol{a} = (ka_1, ka_2, ka_3) \quad (k は実数)$$

---

**ベクトルの大きさ**

$\boldsymbol{a} = (a_1, a_2, a_3)$ について $\quad |\boldsymbol{a}| = \sqrt{a_1{}^2 + a_2{}^2 + a_3{}^2}$

---

**例題 1.4** $\boldsymbol{a} = (2, 2, 0)$, $\boldsymbol{b} = (3, 2, 1)$ について，$\boldsymbol{a} + \boldsymbol{b}$, $4\boldsymbol{a} - 2\boldsymbol{b}$ を成分表示せよ．また，$|4\boldsymbol{a} - 2\boldsymbol{b}|$ はいくらか．

**解答** $\boldsymbol{a} + \boldsymbol{b} = (5, 4, 1)$

$4\boldsymbol{a} - 2\boldsymbol{b} = (2, 4, -2)$

$|4\boldsymbol{a} - 2\boldsymbol{b}| = \sqrt{2^2 + 4^2 + (-2)^2} = 2\sqrt{6}$

**問 1.6** $\boldsymbol{a} = (-1, 0, 5)$, $\boldsymbol{b} = (2, -1, 6)$ について，$\boldsymbol{a} + \boldsymbol{b}$, $3\boldsymbol{a} - 4\boldsymbol{b}$ を成分表示せよ．また，$|3\boldsymbol{a} - 4\boldsymbol{b}|$ はいくらか．

---

**節末問題**

**1.** 2つのベクトル $\boldsymbol{a} = (1, 2)$, $\boldsymbol{b} = (-3, 5)$ について，$|\boldsymbol{a}|$, $\boldsymbol{a} + \boldsymbol{b}$, $|\boldsymbol{a} + \boldsymbol{b}|$, $2\boldsymbol{a} - 5\boldsymbol{b}$, $\dfrac{1}{2}\boldsymbol{a} - \dfrac{1}{3}\boldsymbol{b}$ をそれぞれ求めよ．

**2.** 2つのベクトル $\boldsymbol{a} = (1, 0, -1)$, $\boldsymbol{b} = (2, 1, 3)$ について，$|\boldsymbol{b}|$, $\boldsymbol{a} - \boldsymbol{b}$, $|\boldsymbol{a} - \boldsymbol{b}|$, $3\boldsymbol{a} - 4\boldsymbol{b}$, $\dfrac{1}{2}\boldsymbol{a} - \dfrac{1}{3}\boldsymbol{b}$ をそれぞれ求めよ．

◆問と節末問題の解答

問 **1.1** $\overrightarrow{\text{FE}}$, $\overrightarrow{\text{FD}}$

問 **1.2** 省略

問 **1.3** 省略

問 **1.4** $\overrightarrow{\text{AB}} = (3,\ 6)$

問 **1.5** $a+b = (-1,\ -1)$, $-2a+4b = (-10,\ 14)$, $|-2a+4b| = 2\sqrt{74}$

問 **1.6** $a+b = (1,\ -1,\ 11)$, $3a-4b = (-11, 4, -9)$, $|3a-4b| = \sqrt{(-11)^2 + 4^2 + (-9)^2} = \sqrt{218}$

*1.* $|a| = \sqrt{5}$, $a+b = (-2,7)$, $|a+b| = \sqrt{53}$, $2a-5b = (17,-21)$, $\dfrac{1}{2}a - \dfrac{1}{3}b = \left(\dfrac{3}{2}, -\dfrac{2}{3}\right)$

*2.* $|b| = \sqrt{14}$, $a-b = (-1,-1,-4)$, $|a-b| = 3\sqrt{2}$, $3a-4b = (-5,-4,-15)$, $\dfrac{1}{2}a - \dfrac{1}{3}b = \left(-\dfrac{1}{6}, -\dfrac{1}{3}, -\dfrac{3}{2}\right)$

## 1.2 ベクトルの内積

◇ ベクトルの内積

右図のように 2 つのベクトル $a, b (\neq 0)$ を同じ始点をもつように平行移動したとき，$\angle \text{AOB} = \theta$ をベクトル $a$ と $b$ のなす角という．ただし，$0 \leqq \theta \leqq \pi$ とする．

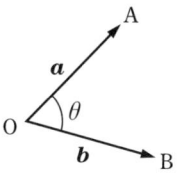

このとき，$|a||b|\cos\theta$ を $a$ と $b$ の内積といい，$a \cdot b$ と書く．$a = 0$ または $b = 0$ のときは，内積は 0 となる．

---
**ベクトルの内積**
$$a \cdot b = |a||b|\cos\theta$$

---

上の内積の定義は平面のベクトルに限らず，空間のベクトルに対しても同じである．

**例題 1.5** 図のそれぞれの場合について $a \cdot b$ を求めよ．

(1) $a \cdot b = 3 \times 4 \cos\dfrac{\pi}{6} = 6\sqrt{3}$　　(2) $a \cdot b = 3 \times 4 \cos\dfrac{\pi}{2} = 0$

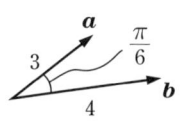
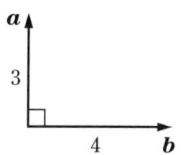

(3) $a \cdot b = 3 \times 4 \cos\dfrac{3\pi}{4} = -6\sqrt{2}$

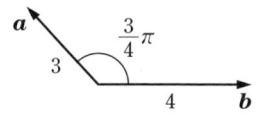

**問 1.7** 右図の直角三角形について，$\overrightarrow{\text{AB}} \cdot \overrightarrow{\text{AB}}$, $\overrightarrow{\text{AB}} \cdot \overrightarrow{\text{BC}}$, $\overrightarrow{\text{CA}} \cdot \overrightarrow{\text{CB}}$ を求めよ．

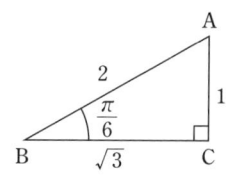

$\theta = \dfrac{\pi}{2}$ のとき，零ベクトルでない 2 つのベクトル $a, b$ は互いに垂直であるまたは直交するといい，$a \perp b$ で表す．

$$a \perp b \iff a \cdot b = 0$$

内積の定義から，以下のような性質が成り立つことがわかる．

--- ベクトルの内積の性質 ---

(1) $a \cdot b = b \cdot a$

(2) $a \cdot a = |a|^2$

(3) $a \cdot (b + c) = a \cdot b + a \cdot c$

(4) $(a + b) \cdot c = a \cdot c + b \cdot c$

(5) $(ka) \cdot b = a \cdot (kb) = k(a \cdot b)$ （$k$ は実数）

◇ 内積と成分

まず，平面上のベクトルについて考えよう．2 つのベクトル $a = (a_1, a_2)$，$b = (b_1, b_2)$ の内積は，上に示した内積の性質を使うと，以下のように計算することができる．

$$a \cdot b = (a_1 e_1 + a_2 e_2) \cdot (b_1 e_1 + b_2 e_2)$$
$$= a_1 b_1 e_1 \cdot e_1 + a_1 b_2 e_1 \cdot e_2 + a_2 b_1 e_2 \cdot e_1 + a_2 b_2 e_2 \cdot e_2$$

ここで，$e_1, e_2$ は大きさが 1 で，なす角は $\dfrac{\pi}{2}$ であるから，

$$e_1 \cdot e_1 = e_2 \cdot e_2 = 1, \quad e_1 \cdot e_2 = e_2 \cdot e_1 = 0$$

となる．したがって，

$$a \cdot b = a_1 b_1 + a_2 b_2$$

となることがわかる．これが内積の成分による表示である．

--- ベクトルの内積の成分による表示 (平面のベクトル) ---

$$a \cdot b = a_1 b_1 + a_2 b_2$$

**問 1.8** 次のベクトル $a, b$ の内積を求めよ．
 (1) $a = (-2, 4), \ b = (-1, -2)$
 (2) $a = (\sqrt{2} - 1, \sqrt{3}), \ b = (\sqrt{2} + 1, -\sqrt{3})$

**問 1.9** 次のベクトル $a, b$ が垂直になるように，$x$ の値を決めよ．
 (1) $a = (-2, 2), \ b = (x, 3)$  (2) $a = (8, x), \ b = (2, -x)$

$0$ でない 2 つのベクトル $a, b$ のなす角を $\theta$ とすると，成分表示から $\theta$ は以下のようにして求めることができる．

$$\cos\theta = \frac{a \cdot b}{|a||b|} = \frac{a_1 b_1 + a_2 b_2}{\sqrt{a_1{}^2 + a_2{}^2}\sqrt{b_1{}^2 + b_2{}^2}}$$

**例題 1.6** $a = (1, -2), \ b = (-3, 1)$ のなす角を求めよ．

**解答** $|a| = \sqrt{1^2 + (-2)^2} = \sqrt{5}$,
$|b| = \sqrt{(-3)^2 + 1^2} = \sqrt{10}$,
$a \cdot b = 1 \times (-3) + (-2) \times 1 = -5$ より
$\cos\theta = \dfrac{-5}{\sqrt{5}\sqrt{10}} = -\dfrac{1}{\sqrt{2}}$. したがって, $\theta = \dfrac{3\pi}{4}$

**問 1.10** 次のベクトル $a, b$ のなす角を求めよ．
 (1) $a = (7, 1), \ b = (4, -3)$  (2) $a = (\sqrt{3}, 1), \ b = (1, \sqrt{3})$

空間のベクトルについても，2 つのベクトル $a = (a_1, a_2, a_3), \ b = (b_1, b_2, b_3)$ の内積は，平面の場合と同様に成分による表示を求めることができる．

---
**ベクトルの内積の成分による表示 (空間のベクトル)**

$$a \cdot b = a_1 b_1 + a_2 b_2 + a_3 b_3$$
---

$0$ でない 2 つのベクトル $a, b$ のなす角を $\theta$ とすると，成分表示から $\theta$ は平面のベクトルと同様に，以下のようにして求めることができる．

$$\cos\theta = \frac{a \cdot b}{|a||b|} = \frac{a_1 b_1 + a_2 b_2 + a_3 b_3}{\sqrt{a_1{}^2 + a_2{}^2 + a_3{}^2}\sqrt{b_1{}^2 + b_2{}^2 + b_3{}^2}}$$

**例題 1.7** $a=(6,-2,-4)$, $b=(2,-3,1)$ のなす角を求めよ．

**解答** $|a|=\sqrt{6^2+(-2)^2+(-4)^2}=2\sqrt{14}$,
$|b|=\sqrt{2^2+(-3)^2+1^2}=\sqrt{14}$,
$a\cdot b=6\times 2+(-2)\times(-3)+(-4)\times 1=14$ より
$\cos\theta=\dfrac{14}{2\sqrt{14}\sqrt{14}}=\dfrac{1}{2}$．したがって，$\theta=\dfrac{\pi}{3}$

**問 1.11** 次のベクトル $a,b$ の内積を求めよ．
 (1) $a=(-2,2,3)$, $b=(4,5,6)$  (2) $a=(4,3,-1)$, $b=(-2,1,3)$

**問 1.12** 次のベクトル $a,b$ のなす角を求めよ．
 (1) $a=(1,2,1)$, $b=(2,-2,-4)$  (2) $a=(1,-2,2)$, $b=(1,1,-4)$
 (3) $a=(1,2,3)$, $b=(-1,-1,1)$


◇ **ベクトルの 1 次独立と 1 次従属**

平面内の 2 つのベクトル $a,b$ について，$a\ne 0$, $b\ne 0$ かつ $a$ と $b$ が平行でないとき，$a$ と $b$ は **1 次独立** (または**線形独立**) であるという．1 次独立でないとき，$a$ と $b$ は **1 次従属** (または**線形従属**) であるという．

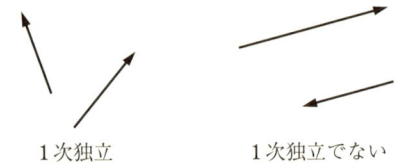

1次独立　　　1次独立でない

$a$ と $b$ が 1 次独立であるとき，次のことが成り立つ．

――― **ベクトルの 1 次独立の条件** ―――
$c_1 a + c_2 b = 0$　ならば，　$c_1 = c_2 = 0$

逆に，上の条件が成り立つとき，$a$ と $b$ は 1 次独立である．

**例題 1.8** 次のベクトルは 1 次独立か調べよ．
 (1) $a=(1,2)$, $b=(-2,-4)$  (2) $a=(1,3)$, $b=(2,1)$

**解答** (1) $c_1\boldsymbol{a} + c_2\boldsymbol{b} = \boldsymbol{0}$ とおくと，両辺の成分を比較して

$$\begin{cases} c_1 - 2c_2 = 0 \\ 2c_1 - 4c_2 = 0 \end{cases}$$

これを解くと，$c_1 = 2c_2$ となる．したがって，$c_1 = c_2 = 0$ 以外に $c_1\boldsymbol{a} + c_2\boldsymbol{b} = \boldsymbol{0}$ を満たす $c_1, c_2$ は存在する．たとえば $c_1 = 2, c_2 = 1$ とおくと，$2\boldsymbol{a} + \boldsymbol{b} = \boldsymbol{0}$ となる．したがって，$\boldsymbol{a}$ と $\boldsymbol{b}$ は 1 次独立ではない．

(2) $c_1\boldsymbol{a} + c_2\boldsymbol{b} = \boldsymbol{0}$ とおくと，

$$\begin{cases} c_1 + 2c_2 = 0 \\ 3c_1 + c_2 = 0 \end{cases}$$

これを解くと，$c_1 = c_2 = 0$ となる．したがって，$\boldsymbol{a}$ と $\boldsymbol{b}$ は 1 次独立である．■

**問 1.13** 次のベクトル $\boldsymbol{a}, \boldsymbol{b}$ は 1 次独立か調べよ．
 (1) $\boldsymbol{a} = (-1, 2), \boldsymbol{b} = (3, -6)$  (2) $\boldsymbol{a} = (2, 3), \boldsymbol{b} = (-2, 2)$

空間のベクトルや，3 つ以上のベクトルに対しては，以下のようにして 1 次独立を定義することができる．

一般に，$n$ 個のベクトル $\boldsymbol{a}_1, \boldsymbol{a}_2, \cdots, \boldsymbol{a}_n$ について

$$c_1\boldsymbol{a}_1 + c_2\boldsymbol{a}_2 + \cdots + c_n\boldsymbol{a}_n = \boldsymbol{0} \quad \text{ならば}, \quad c_1 = c_2 = \cdots = c_n = 0$$

が成り立つとき，ベクトル $\boldsymbol{a}_1, \boldsymbol{a}_2, \cdots, \boldsymbol{a}_n$ は 1 次独立であるという．

**例題 1.9** 次のベクトルは 1 次独立か調べよ．
 (1) $\boldsymbol{a} = (1, 0, -1), \boldsymbol{b} = (-3, 0, 3)$  (2) $\boldsymbol{a} = (1, 2, 3), \boldsymbol{b} = (2, -3, 1)$
 (3) $\boldsymbol{a} = (1, 0, -1), \boldsymbol{b} = (-2, 3, 1), \boldsymbol{c} = (0, 3, -1)$

**解答** (1) $c_1\boldsymbol{a} + c_2\boldsymbol{b} = \boldsymbol{0}$ とおくと，

$$\begin{cases} c_1 - 3c_2 = 0 \\ -c_1 + 3c_2 = 0 \end{cases}$$

これを解くと，$c_1 = 3c_2$ となる．したがって，$c_1 = c_2 = 0$ でなくてもこの式は満たされるので，$a$ と $b$ は1次独立ではない．

(2) $c_1 a + c_2 b = \mathbf{0}$ とおくと，
$$\begin{cases} c_1 + 2c_2 = 0 \\ 2c_1 - 3c_2 = 0 \\ 3c_1 + c_2 = 0 \end{cases}$$

これを解くと，$c_1 = c_2 = 0$ となる．したがって，$a$ と $b$ は1次独立である．

(3) $c_1 a + c_2 b + c_3 c = \mathbf{0}$ とおくと，
$$\begin{cases} c_1 - 2c_2 = 0 \\ 3c_2 + 3c_3 = 0 \\ -c_1 + c_2 - c_3 = 0 \end{cases}$$

これは，$c_1, c_2, c_3$ に関する連立1次方程式である．2行目の式を3で割り，3行目の式に1行目の式を加えると，
$$\begin{cases} c_1 - 2c_2 = 0 \\ c_2 + c_3 = 0 \\ -c_2 - c_3 = 0 \end{cases}$$

となる．2行目の式と3行目の式は同じ式であるので，未知数の数が3であるのに対して，実質的な式の個数は2つとなる．したがって，$c_1, c_2, c_3$ は一意には決まらない．実際，$c_3$ を任意の数とすると，$c_1 = -2c_3$，$c_2 = -c_3$ であれば，もとの方程式を満たす．したがって，$a, b, c$ は1次独立ではない．

> **問 1.14** 次のベクトル $a, b$ は1次独立か調べよ．
> (1) $a = (1, 3, -1)$, $b = (3, 9, -3)$　　(2) $a = (1, 1, 0)$, $b = (0, 1, 1)$

### 節末問題

**3.** 2つのベクトル $a=(1,2)$, $b=(-3,5)$ について,$a \cdot b$ を求めよ.

**4.** 2つのベクトル $a=(-3,0)$, $b=(-1,\sqrt{3})$ のなす角を求めよ.

**5.** 2つのベクトル $a=(1,0,-1)$, $b=(2,1,3)$ について,$a \cdot b$ を求めよ.

**6.** 2つのベクトル $a=(1,k,-2)$, $b=(-3,k,k)$ が垂直になるように $k$ の値を定めよ.

**7.** 2つのベクトル $a=(-3,2,1)$, $b=(2,1,4)$ のなす角を求めよ.

**8.** 次のベクトル $a, b$ は1次独立か調べよ.

(1) $a=(1,2)$, $b=(3,6)$ (2) $a=(1,0)$, $b=(0,1)$

(3) $a=(1,0,0)$, $b=(0,1,0)$ (4) $a=(5,10,-15)$, $b=(-1,-2,3)$

◆問と節末問題の解答

問 **1.7**  $\overrightarrow{AB} \cdot \overrightarrow{AB} = 4$, $\overrightarrow{AB} \cdot \overrightarrow{BC} = -3$, $\overrightarrow{CA} \cdot \overrightarrow{CB} = 0$

問 **1.8**  (1) $-6$  (2) $-2$

問 **1.9**  (1) $a \cdot b = -2x+6=0$ より,$x=3$  (2) $a \cdot b = 16-x^2 = 0$ より,$x = \pm 4$

問 **1.10**  (1) $|a|=5\sqrt{2}$, $|b|=5$, $a \cdot b = 25$, $\cos\theta = \dfrac{25}{5\sqrt{2} \times 5} = \dfrac{1}{\sqrt{2}}$,$\theta = \dfrac{\pi}{4}$

(2) $|a|=2$, $|b|=2$, $a \cdot b = 2\sqrt{3}$, $\cos\theta = \dfrac{2\sqrt{3}}{2 \times 2} = \dfrac{\sqrt{3}}{2}$,$\theta = \dfrac{\pi}{6}$

問 **1.11**  (1) $a \cdot b = 20$  (2) $a \cdot b = -8$

問 **1.12**  (1) $|a|=\sqrt{6}$, $|b|=2\sqrt{6}$, $a \cdot b = -6$, $\cos\theta = \dfrac{-6}{\sqrt{6} \times 2\sqrt{6}} = -\dfrac{1}{2}$,$\theta = \dfrac{2\pi}{3}$

(2) $|a|=3$, $|b|=3\sqrt{2}$, $a \cdot b = -9$, $\cos\theta = \dfrac{-9}{3 \times 3\sqrt{2}} = -\dfrac{1}{\sqrt{2}}$ より,$\theta = \dfrac{3\pi}{4}$

(3) $a \cdot b = 0$ より;$\theta = \dfrac{\pi}{2}$

問 **1.13**  (1) 1次独立ではない.  (2) 1次独立.

問 **1.14**  (1) 1次独立ではない.  (2) 1次独立.

**3.**  $a \cdot b = 7$

**4.**  $|a| = 3,\ |b| = 2,\ a \cdot b = 3,\ \cos\theta = \dfrac{1}{2}$ より, $\theta = \dfrac{\pi}{3}$

**5.**  $a \cdot b = -1$

**6.**  $a \cdot b = -3 + k^2 - 2k = 0$ より, $k = -1$, または $k = 3$

**7.**  $a \cdot b = 0$ より, $\theta = \dfrac{\pi}{2}$.

**8.**  (1) 1次独立ではない．　　(2) 1次独立．　　(3) 1次独立．
(4) 1次独立ではない．

## 1.3 複素数

数を実数の範囲で考えていると，たとえば，2次方程式
$$x^2 + 5 = 0$$
は解をもたない．しかし，複素数まで範囲を広げて考えれば解くことができる．しかも，2次方程式に限らず，3次方程式でも4次方程式でも解をもつことがわかり，その性質を議論することができる．このように，数を複素数に広げて考えることにより，数学の世界が大きく発展するのである．

◇ 複素数とは何か

どんな実数でも2乗すると正の数または0になる．2乗して負になる数を考えてみよう．当然これは実数ではない．この新しい数を**純虚数**という．そのような数の中で2乗すると $-1$ になる数 (実は2つある) の1つを**虚数単位**とよび，記号 $i$ で表す．専門分野によっては $i$ の代わりに $j$ を使うこともある．
$$i^2 = -1$$
2乗して $-1$ になるもう1つの数は $-i$ である．一般の純虚数は実数 $y$ と $i$ によって $yi$ のように表される．さらに，2つの実数 $x, y$ と虚数単位 $i$ によってつくられる数 $x + yi$ を**複素数**という．$y = 0$ のときは実数となる．このように複素数は実数を含んでいる．複素数のうち実数以外を**虚数**という．複素数 $z = x + yi$ の $x$ を複素数 $z$ の**実部** (または**実数部分**)，$y$ を複素数 $z$ の**虚部** (または**虚数部分**) という．実部を Re $(z)$，虚部を Im $(z)$ と表すこともある．$a, b, c, d$ を実数として，2つの複素数 $z_1 = a + bi, z_2 = c + di$ があるとき，$a = c, b = d$ のときに限り，この2つの複素数は等しい ($z_1 = z_2$) という．さらに，複素数の0とは実部，虚部ともに0である複素数を意味する．

◇ 複素数の四則演算

複素数の計算は以下のように定める．

---
**複素数の四則演算**

$a, b, c, d$ を実数として

(1) $(a + bi) + (c + di) = (a + c) + (b + d)i$

(2) $(a + bi) - (c + di) = (a - c) + (b - d)i$

(3) $(a + bi) \times (c + di) = (ac - bd) + (ad + bc)i$

(4) $\dfrac{a + bi}{c + di} = \dfrac{ac + bd}{c^2 + d^2} + \dfrac{bc - ad}{c^2 + d^2}i$

ただし，分数の分母は 0 ではないとする．

---

**解説** (1) と (2) は明らかであろう．

(3) 積の計算は通常の文字式の計算と同じように行う．ただし $i^2$ が出てきたら，これを $-1$ で置き換える．

$$(a + bi)(c + di) = ac + adi + bci + bdi^2 = (ac - bd) + (ad + bc)i$$

(4) 分母，分子に $(c - di)$ を掛ける．

$$\frac{a + bi}{c + di} = \frac{(a + bi)(c - di)}{(c + di)(c - di)} = \frac{ac + bci - adi - bdi^2}{c^2 - d^2 i^2}$$

$$= \frac{(ac + bd) + (bc - ad)i}{c^2 + d^2} = \frac{ac + bd}{c^2 + d^2} + \frac{bc - ad}{c^2 + d^2}i$$

**例題 1.10** 次の計算をせよ．

(1) $(1 + i) + (3 - 2i)$　　(2) $(1 - i) - (2 + 3i)$

 (1) $4 - i$　　(2) $-1 - 4i$

**問 1.15** 次の計算をせよ．

(1) $(4 + 3i) + (2 - 5i)$　　(2) $(4 - i) - (2 + 5i)$　　(3) $(1 + i) - (5 - 2i)$

**例題 1.11** 次の計算をせよ．

(1) $(1 + i)(3 - 2i)$　　(2) $\dfrac{1 - i}{2 + 3i}$

 (1) $(1 + i)(3 - 2i) = 3 - 2i + 3i - 2i^2 = 3 - 2i + 3i + 2 = 5 + i$

(2) $\dfrac{1 - i}{2 + 3i} = \dfrac{(1 - i)(2 - 3i)}{(2 + 3i)(2 - 3i)} = \dfrac{2 - 2i - 3i + 3i^2}{2^2 - (3i)^2} = \dfrac{-1 - 5i}{13}$

$$= -\frac{1}{13} - \frac{5}{13}i$$

**問 1.16** 次の計算をせよ．

(1) $(2+i)(2-3i)$ (2) $\dfrac{4-i}{3+5i}$ (3) $(-3i)(1+i)$ (4) $\dfrac{3}{2-i}$

◇ 複素数の絶対値

以下では $x,y$ は実数とする．以後，誤解がないときにはいちいち断らないことにする．複素数 $z = x + yi$ に対して，$\bar{z} = x - yi$ を $z$ の **共役複素数** という．複素数 $z = x + yi$ の絶対値を $|z| = \sqrt{x^2 + y^2}$ と定める．

$$|z|^2 = x^2 + y^2$$

$$z\bar{z} = (x+yi)(x-yi) = x^2 - y^2 i^2 = x^2 + y^2$$

であるから，これらの間には

$$z\bar{z} = |z|^2$$

という関係が成り立つ．

2つの複素数を $z_1, z_2$ とすると，次の関係が成り立つ．

---
**複素数の絶対値と共役複素数の性質**

(1) $|z_1 z_2| = |z_1||z_2|,\quad \overline{z_1 z_2} = \overline{z_1}\,\overline{z_2}$

(2) $\left|\dfrac{z_1}{z_2}\right| = \dfrac{|z_1|}{|z_2|},\quad \overline{\left(\dfrac{z_1}{z_2}\right)} = \dfrac{\overline{z_1}}{\overline{z_2}}$

---

**例題 1.12** 次の複素数の絶対値を求めよ．

(1) $3 + 2i$ (2) $4 - i$ (3) $\dfrac{1}{3+2i}$

**解答**

(1) $|3+2i| = \sqrt{3^2 + 2^2} = \sqrt{9+4} = \sqrt{13}$

(2) $|4-i| = \sqrt{4^2 + (-1)^2} = \sqrt{17}$

(3) $\left|\dfrac{1}{3+2i}\right| = \dfrac{1}{\sqrt{3^2 + 2^2}} = \dfrac{1}{\sqrt{13}}$

問 **1.17** 次の複素数の絶対値を求めよ．
(1) $2+3i$ (2) $3-2i$ (3) $\dfrac{2+i}{4+3i}$

例題 **1.13** 次の複素数の共役複素数を求めよ．
(1) $3+2i$ (2) $2-3i$

 (1) $3-2i$ (2) $2+3i$

問 **1.18** 次の複素数の共役複素数を求めよ．
(1) $2+5i$ (2) $6-5i$

## 節末問題

**9.** 次の計算をせよ．
(1) $(1+2i)(3-4i)$ (2) $\dfrac{5+4i}{3+2i}$ (3) $(2+i)(-5i)$ (4) $\dfrac{3i}{5+2i}$

**10.** 次の複素数の絶対値を求めよ．
(1) $-3-2i$ (2) $4+3i$ (3) $\dfrac{1}{2-3i}$

**11.** $z=3+2i$ のとき，次式の値を計算せよ．
(1) $z\bar{z}$ (2) $\dfrac{\bar{z}}{z}$ (3) $z+\bar{z}$

◆問と節末問題の解答

問 **1.15** (1) $6-2i$ (2) $2-6i$ (3) $-4+3i$
問 **1.16** (1) $7-4i$ (2) $\dfrac{7-23i}{34}$ (3) $3-3i$ (4) $\dfrac{6+3i}{5}$
問 **1.17** (1) $\sqrt{13}$ (2) $\sqrt{13}$ (3) $\dfrac{\sqrt{5}}{5}$
問 **1.18** (1) $2-5i$ (2) $6+5i$
**9.** (1) $11+2i$ (2) $\dfrac{23+2i}{13}$ (3) $5-10i$ (4) $\dfrac{6+15i}{29}$

***10.*** (1) $\sqrt{13}$   (2) 5   (3) $\dfrac{1}{\sqrt{13}}$

***11.*** (1) 13   (2) $\dfrac{5-12i}{13}$   (3) 6

## 1.4 複素数の極形式

◇ 極形式

平面上に直交する座標軸を定め，それぞれ $x$ 軸，$y$ 軸とする．この平面上の点 $P(a, b)$ を複素数 $z = a + bi$ に対応させる．このとき点 P は複素数 $z$ を表すという．この平面を**複素数平面**という．$x$ 軸を**実軸**，$y$ 軸を**虚軸**という．原点 O から点 P までの距離は $\sqrt{a^2 + b^2}$ となり，$|z|$ に等しい．$x$ 軸の正の部分から測り始めて半直線 OP までの角度を $z$ の**偏角**といい，$\arg z$ で表す．

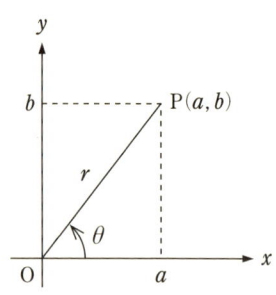

$z$ の絶対値を $r$，偏角を $\theta$ とすると，
$$a = r\cos\theta, \qquad b = r\sin\theta$$
となるので，

$$z = r(\cos\theta + i\sin\theta)$$

と表すことができる．このような表し方を**極形式**という．

また，$a \neq 0$ のときは $\tan\theta = \dfrac{b}{a}$ なる関係がある．

$z = 0$ のときは偏角が定義されないので，その極形式は考えない．

偏角 $\theta$ は一般には一意には定まらないが，通常は（特に断らない限り）$0 \leqq \theta < 2\pi$ の範囲とする．

**例題 1.14** 次の複素数を極形式で表せ．

(1) $1 + i$  (2) $1 - i$  (3) $1 + \sqrt{3}i$

**解答** 絶対値を $r$，偏角を $\theta$ とすると

(1) $r = \sqrt{1^2 + 1^2} = \sqrt{2}$, $\cos\theta = \dfrac{1}{\sqrt{2}}$, $\sin\theta = \dfrac{1}{\sqrt{2}}$, $\theta = \dfrac{\pi}{4}$,

$1 + i = \sqrt{2}\left(\cos\dfrac{\pi}{4} + i\sin\dfrac{\pi}{4}\right)$

(2) $r = \sqrt{2}$, $\cos\theta = \dfrac{1}{\sqrt{2}}$, $\sin\theta = -\dfrac{1}{\sqrt{2}}$, $\theta = \dfrac{7\pi}{4}$,

$1 - i = \sqrt{2}\left(\cos\dfrac{7\pi}{4} + i\sin\dfrac{7\pi}{4}\right)$

(3) $r = \sqrt{1^2 + (\sqrt{3})^2} = 2$, $\cos\theta = \dfrac{1}{2}$, $\sin\theta = \dfrac{\sqrt{3}}{2}$, $\theta = \dfrac{\pi}{3}$,

$1 + \sqrt{3}i = 2\left(\cos\dfrac{\pi}{3} + i\sin\dfrac{\pi}{3}\right)$

**問 1.19** 次の複素数を極形式に直せ.

(1) $-1 + i$   (2) $2 + 2i$   (3) $\sqrt{3} - i$   (4) $-3$
(5) $2i$   (6) $-1 - \sqrt{3}i$

2つの複素数 $z_1 = r_1(\cos\theta_1 + i\sin\theta_1)$, $z_2 = r_2(\cos\theta_2 + i\sin\theta_2)$ の積と商を考えよう.

$$z_1 z_2 = r_1 r_2 (\cos\theta_1 + i\sin\theta_1)(\cos\theta_2 + i\sin\theta_2)$$

$$= r_1 r_2 \{(\cos\theta_1 \cos\theta_2 - \sin\theta_1 \sin\theta_2) + i(\sin\theta_1 \cos\theta_2 + \cos\theta_1 \sin\theta_2)\}$$

$$= r_1 r_2 \{\cos(\theta_1 + \theta_2) + i\sin(\theta_1 + \theta_2)\}$$

$$\dfrac{z_1}{z_2} = \dfrac{r_1}{r_2} \dfrac{\cos\theta_1 + i\sin\theta_1}{\cos\theta_2 + i\sin\theta_2}$$

分母, 分子に $\cos\theta_2 - i\sin\theta_2$ を掛けると

$$\dfrac{z_1}{z_2} = \dfrac{r_1}{r_2} \dfrac{(\cos\theta_1 + i\sin\theta_1)(\cos\theta_2 - i\sin\theta_2)}{\cos^2\theta_2 + \sin^2\theta_2}$$

$$= \dfrac{r_1}{r_2} \{\cos(\theta_1 - \theta_2) + i\sin(\theta_1 - \theta_2)\}$$

となる. したがって, 次の結果が得られる.

$$z_1 z_2 = r_1 r_2 \{\cos(\theta_1 + \theta_2) + i\sin(\theta_1 + \theta_2)\}$$

$$\dfrac{z_1}{z_2} = \dfrac{r_1}{r_2} \{\cos(\theta_1 - \theta_2) + i\sin(\theta_1 - \theta_2)\}$$

**例題 1.15** $z_1 = 2\left(\cos\dfrac{3\pi}{7} + i\sin\dfrac{3\pi}{7}\right)$, $z_2 = 3\left(\cos\dfrac{2\pi}{7} + i\sin\dfrac{2\pi}{7}\right)$ のとき, 次の計算をせよ.

(1) $z_1 z_2$   (2) $\dfrac{z_1}{z_2}$

**解答**   (1) $z_1 z_2 = 6\left(\cos\dfrac{5\pi}{7} + i\sin\dfrac{5\pi}{7}\right)$

(2) $\dfrac{z_1}{z_2} = \dfrac{2}{3}\left(\cos\dfrac{\pi}{7} + i\sin\dfrac{\pi}{7}\right)$

**問 1.20**   $z_1 = 6\left(\cos\dfrac{5\pi}{7} + i\sin\dfrac{5\pi}{7}\right),\ z_2 = 3\left(\cos\dfrac{3\pi}{7} + i\sin\dfrac{3\pi}{7}\right)$ のとき，次の計算をせよ．

  (1) $z_1 z_2$   (2) $\dfrac{z_1}{z_2}$

---

### 節末問題

**12.** 次の複素数を極形式で表せ．

(1) $\sqrt{3} + i$   (2) $1 - \sqrt{3}i$   (3) $-1 + \sqrt{3}i$   (4) $-5$

(5) $-6i$   (6) $4$

**13.** $z = r(\cos\theta + i\sin\theta)$ のとき，次の計算をして，極形式で表せ．

(1) $\bar{z}$   (2) $z + \bar{z}$   (3) $z\bar{z}$   (4) $\dfrac{1}{\bar{z}}$

**14.** $z_1 = 6\left(\cos\dfrac{3\pi}{7} + i\sin\dfrac{3\pi}{7}\right),\ z_2 = 2\left(\cos\dfrac{\pi}{5} + i\sin\dfrac{\pi}{5}\right)$ のとき，次の計算をせよ．

(1) $z_1 z_2$   (2) $\dfrac{z_1}{z_2}$

---

◆問と節末問題の解答

**問 1.19**   (1) $\sqrt{2}\left(\cos\dfrac{3\pi}{4} + i\sin\dfrac{3\pi}{4}\right)$   (2) $2\sqrt{2}\left(\cos\dfrac{\pi}{4} + i\sin\dfrac{\pi}{4}\right)$

(3) $2\left(\cos\dfrac{11\pi}{6} + i\sin\dfrac{11\pi}{6}\right)$   (4) $3(\cos\pi + i\sin\pi)$

(5) $2\left(\cos\dfrac{\pi}{2} + i\sin\dfrac{\pi}{2}\right)$   (6) $2\left(\cos\dfrac{4\pi}{3} + i\sin\dfrac{4\pi}{3}\right)$

問 **1.20** (1) $18\left(\cos\dfrac{8\pi}{7} + i\sin\dfrac{8\pi}{7}\right)$　　(2) $2\left(\cos\dfrac{2\pi}{7} + i\sin\dfrac{2\pi}{7}\right)$

*12.* (1) $2\left(\cos\dfrac{\pi}{6} + i\sin\dfrac{\pi}{6}\right)$　　(2) $2\left(\cos\dfrac{5\pi}{3} + i\sin\dfrac{5\pi}{3}\right)$

(3) $2\left(\cos\dfrac{2\pi}{3} + i\sin\dfrac{2\pi}{3}\right)$　　(4) $5(\cos\pi + i\sin\pi)$

(5) $6\left(\cos\dfrac{3\pi}{2} + i\sin\dfrac{3\pi}{2}\right)$　　(6) $4(\cos 0 + i\sin 0)$

*13.* (1) $r\{\cos(-\theta) + i\sin(-\theta)\}$

(2) $\cos\theta > 0$ のときは $(2r\cos\theta)(\cos 0 + i\sin 0)$,

　$\cos\theta < 0$ のときは $(-2r\cos\theta)(\cos\pi + i\sin\pi)$,

　$\cos\theta = 0$ のときは極形式をもたない

(3) $r > 0$ のときは，$r^2(\cos 0 + i\sin 0)$, $r = 0$ のときは，極形式をもたない

(4) $r > 0$ のとき，$1/r(\cos\theta + i\sin\theta)$, $r = 0$ のとき，定義されない

*14.* (1) $12\left(\cos\dfrac{22\pi}{35} + i\sin\dfrac{22\pi}{35}\right)$　　(2) $3\left(\cos\dfrac{8\pi}{35} + i\sin\dfrac{8\pi}{35}\right)$

## 1.5　ド・モアブルの公式と複素数の $n$ 乗根

◇ ド・モアブルの公式

ド・モアブルの公式は次のように表される.

---
**ド・モアブルの公式**

整数 $n$ と実数 $\theta$ に対して,
$$(\cos\theta + i\sin\theta)^n = \cos(n\theta) + i\sin(n\theta)$$
が成り立つ.

---

**(証明)**　前節で説明した極形式での積と商の計算法を繰り返しあてはめることによって証明できる.

**例題 1.17**　次の複素数の値を求めよ.

(1) $(1+i)^3$　　(2) $(\sqrt{3}+i)^3$　　(3) $\left(\dfrac{1}{2}+\dfrac{\sqrt{3}}{2}i\right)^{10}$

　(1) $1+i$ を極形式で表すと,
$$1+i = \sqrt{2}\left(\cos\frac{\pi}{4} + i\sin\frac{\pi}{4}\right)$$
となる. ド・モアブルの公式を使って
$$(1+i)^3 = (\sqrt{2})^3\left(\cos\frac{3\pi}{4} + i\sin\frac{3\pi}{4}\right) = 2\sqrt{2}\left(-\frac{1}{\sqrt{2}} + \frac{1}{\sqrt{2}}i\right) = -2+2i$$
と計算できる.

(2) 同じようにして
$$\sqrt{3}+i = 2\left(\cos\frac{\pi}{6} + i\sin\frac{\pi}{6}\right)$$
$$(\sqrt{3}+i)^3 = 2^3\left(\cos\frac{\pi}{2} + i\sin\frac{\pi}{2}\right) = 8i$$

(3) 同様に
$$\frac{1}{2} + \frac{\sqrt{3}}{2}i = \cos\frac{\pi}{3} + i\sin\frac{\pi}{3}$$

$$\left(\frac{1}{2}+\frac{\sqrt{3}}{2}i\right)^{10} = \cos\frac{10\pi}{3} + i\sin\frac{10\pi}{3}$$

$$= \cos\left(2\pi + \frac{4\pi}{3}\right) + i\sin\left(2\pi + \frac{4\pi}{3}\right)$$

$$= \cos\frac{4\pi}{3} + \sin\frac{4\pi}{3} = -\frac{1}{2} - \frac{\sqrt{3}}{2}i$$

**問 1.21** 次の複素数の値を求めよ．

(1) $(1+i)^5$  (2) $(\sqrt{3}+i)^5$  (3) $(1-i)^3$

(4) $(1-\sqrt{3}i)^3$  (5) $\left(\frac{1}{2} - \frac{\sqrt{3}}{2}i\right)^4$

◇ **複素数の $n$ 乗根**

$x^2 = 1$ を満たす数 $x$ は $1, -1$ である．これを 1 の 2 乗根は 1 と $-1$ であるという．では，1 の 3 乗根はいくつであろうか．

$$x^3 = 1, \quad x^3 - 1 = 0$$

$$(x-1)(x^2 + x + 1) = 0$$

したがって，1 の 3 乗根は

$$1, \quad \frac{-1+\sqrt{3}i}{2}, \quad \frac{-1-\sqrt{3}i}{2}$$

の 3 つあることがわかる．

複素数平面上にこれらの点を示すと，図のようになる．絶対値が 1 で偏角が $0, \dfrac{2\pi}{3}, \dfrac{4\pi}{3}$ の 3 点である．

このように，複素数まで考えれば，ある数の $n$ 乗根は一般に $n$ 個存在する．

極形式で与えられた複素数 $R(\cos\theta_0 + i\sin\theta_0)$ があるとき，この数の $n$ 乗根を求めてみよう．

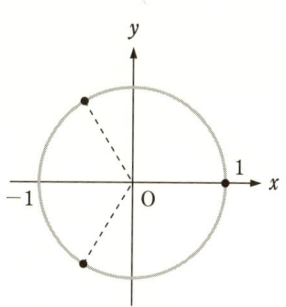

すなわち
$$z^n = R(\cos\theta_0 + i\sin\theta_0)$$
を満たす $z$ を求めるのである．
$$z = r(\cos\theta + i\sin\theta)$$
とおく．
$$z^n = r^n(\cos n\theta + i\sin n\theta) = R(\cos\theta_0 + i\sin\theta_0)$$
これから，
$$r^n = R, \quad \cos n\theta = \cos\theta_0, \quad \sin n\theta = \sin\theta_0$$
したがって，
$$r = \sqrt[n]{R}, \quad n\theta = \theta_0 + 2\pi \times m$$
ただし，$m$ は任意の整数である．$r(\geqq 0)$ は1通りに決まったので偏角を考える．
$$\theta = \frac{\theta_0}{n} + \frac{2\pi \times m}{n}$$
$m = 0$ から始まって $m = 1, 2, \cdots$ と動いていくと，$m = n$ のとき右辺第2項は $2\pi$ となって，$z$ は $m = 0$ のときと同じ数になってしまう．そこで，$m$ の値の範囲を $0 \leqq m \leqq n-1$ に制限する．すると，得られる解 $z$ の個数は $m = 0, 1, 2, \cdots, n-1$ に対応する $n$ 個となる．

まとめると，求める $n$ 乗根は次のようになる．

---
**複素数 $R(\cos\theta_0 + i\sin\theta_0)$ の $n$ 乗根 $z$**

$$z = \sqrt[n]{R}(\cos\theta + i\sin\theta),$$
$$\theta = \frac{\theta_0}{n} + \frac{2\pi \times m}{n} \quad (m = 0, 1, \cdots, n-1)$$

---

**例題 1.18** 次の方程式の解を求めよ．
$$z^2 = 1 + \sqrt{3}i$$

**解答** $1+\sqrt{3}i$ を極形式で表すと，
$$1+\sqrt{3}i = 2\left(\cos\frac{\pi}{3} + i\sin\frac{\pi}{3}\right)$$
となる．
$z = r(\cos\theta + i\sin\theta)$ とおくと，
$r^2 = 2$ となり， $\theta = \frac{\pi}{6} + \pi \times m \, (m = 0, 1)$
となる．これから，
$r = \sqrt{2}$ となり， $\theta = \frac{\pi}{6}$ または $\frac{7\pi}{6}$ となる．
したがって，
$$\sqrt{2}\left(\cos\frac{\pi}{6} + i\sin\frac{\pi}{6}\right) = \frac{\sqrt{6}+\sqrt{2}i}{2},$$
$$\sqrt{2}\left(\cos\frac{7\pi}{6} + i\sin\frac{7\pi}{6}\right) = -\frac{\sqrt{6}+\sqrt{2}i}{2},$$
$$z = \pm\frac{\sqrt{6}+\sqrt{2}i}{2}$$
となる．

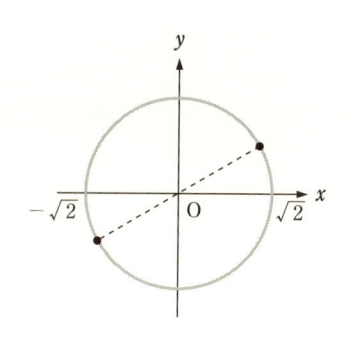

この解を複素数平面上に図示すれば図のようになる．

**問 1.22** 次の方程式の解を求めよ．
$$z^3 = -2 + 2i$$

## 節末問題

**15.** 次の複素数の値を求めよ．

(1) $(-1-i)^3$    (2) $(-1+\sqrt{3}i)^4$    (3) $\left(-\frac{1}{2} - \frac{\sqrt{3}}{2}i\right)^3$

**16.** 次の方程式の解を求めよ．

(1) $z^3 = -4 + 4\sqrt{3}i$    (2) $z^2 = -i$    (3) $z^4 = 1$

◆問と節末問題の解答

問 **1.21** (1) $-4-4i$ (2) $-16\sqrt{3}+16i$ (3) $-2-2i$
(4) $-8$ (5) $-\dfrac{1}{2}+\dfrac{\sqrt{3}}{2}i$

問 **1.22** $z=\sqrt{2}(\cos\theta+i\sin\theta),\quad \theta=\dfrac{\pi}{4},\ \dfrac{11\pi}{12},\ \dfrac{19\pi}{12}$

**15.** (1) $2-2i$ (2) $-8+8\sqrt{3}\,i$ (3) $1$

**16.** (1) $z=2(\cos\theta+i\sin\theta),\quad \theta=\dfrac{2\pi}{9},\ \dfrac{8\pi}{9},\ \dfrac{14\pi}{9}$
(2) $-\dfrac{1}{\sqrt{2}}+\dfrac{1}{\sqrt{2}}i,\quad \dfrac{1}{\sqrt{2}}-\dfrac{1}{\sqrt{2}}i$ (3) $1,\ i,\ -1,\ -i$

# 2

# 行　列

　この章では，行列とは何か，行列の演算や行列を用いた連立1次方程式の系統的な解法を学ぶ．行列の正則性など，行列に関する基本的な事柄がこの章にまとめてあるので，内容の理解とともに，具体例に即して計算方法をつかんでほしい．

## 2.1 行列の和,差,スカラー倍

◇ 行列とは何か

行列と行列式の歴史は紀元前 2 世紀から 4 世紀頃まで遡れる．バビロニアの粘土板，中国漢王朝の書物に連立 1 次方程式の解法が見られ，そこでは後年ガウスの消去法とよばれるものが扱われている．その後，17 世紀末までは目立った発展はなく，1683 年に日本の関孝和の書物で行列式の考えが初めて発表された．欧州では，同年にライプニッツも行列式を発見している．1858 年に英国のケーリーは初めて抽象的な行列の定義を与え，加法，乗法，スカラー倍と逆行列の演算をもつ行列代数を定義し，それを 1 次変換，2 次形式に応用した．

ここでは，1 次変換によって行列とは何か，行列の演算とはどのように定義されるかを説明しよう．1 次変換とは，たとえば，次式

$$\begin{cases} u = 4x + 2y \\ v = \phantom{4}x + 3y \end{cases}$$

のように，定数項のない 1 次式で表される変換のことをいう．この変換によって，平面上の点 $(x,y)$ は別の点 $(u,v)$ に移される．たとえば，この変換によって，点 $(x,y) = (1,0)$ は点 $(u,v) = (4,1)$ に移り，点 $(x,y) = (0,1)$ は点 $(u,v) = (2,3)$ に移る．

1 次変換の例をいくつか示そう．

**例 1** $x$ 軸に関する対称移動を 1 次変換で表すと $\begin{cases} u = \phantom{-}x \\ v = -y \end{cases}$ と書ける．

**例 2** 原点に関する対称移動を 1 次変換で表すと $\begin{cases} u = -x \\ v = -y \end{cases}$ となる．

**例 3** 角度 $\theta$ だけ反時計まわりに回転する 1 次変換は

$$\begin{cases} u = x\cos\theta - y\sin\theta \\ v = x\sin\theta + y\cos\theta \end{cases}$$

で表される.

平面上の点 $(x_1, x_2)$ に対して点 $(y_1, y_2)$ を対応させる 1 次変換
$$\begin{cases} y_1 = ax_1 + bx_2 \\ y_2 = cx_1 + dx_2 \end{cases}$$
を考えよう.この式の右辺の係数を並べて
$$A = \begin{pmatrix} a & b \\ c & d \end{pmatrix}$$
とし,
$$\boldsymbol{x} = \begin{pmatrix} x_1 \\ x_2 \end{pmatrix}, \qquad \boldsymbol{y} = \begin{pmatrix} y_1 \\ y_2 \end{pmatrix}$$
とおこう.このように定めた $A, \boldsymbol{x}, \boldsymbol{y}$ を用いると, 最初の式は
$$\boldsymbol{y} = A\boldsymbol{x}$$
と書ける.これは直線上の点 $x$ に点 $y$ を対応させる比例式
$$y = ax$$
を平面の点 $(x_1, x_2)$ を点 $(y_1, y_2)$ に移す場合に拡張したものである.

$\begin{pmatrix} a & b \\ c & d \end{pmatrix}$ のように数を長方形に並べて括弧でくくったものを**行列**とよぶ.こうして 1 次変換に行列を対応させると 1 次変換の和と合成から行列の和, スカラー倍と積が自然に定義できる.

$\boldsymbol{y} = A\boldsymbol{x}$ という式は, $\boldsymbol{x}$ が決まるとそれに応じて $\boldsymbol{y}$ が決まるということであるから, $\boldsymbol{x}$ を入力とすると, $\boldsymbol{y}$ は出力といえる. $\boldsymbol{x}, \boldsymbol{y}, A$ のように, 入力, 出力, 変換係数というそれぞれの性質に応じて数をまとめて考えたものがベクトルや行列であり, このように数をまとめて考えると見通しがよくなり便利である.

**例 4**

(1) $\begin{cases} u = 2x + 3y \\ v = -x + 4y \end{cases}$ の係数から決まる $A = \begin{pmatrix} 2 & 3 \\ -1 & 4 \end{pmatrix}$ を 2 行 2 列の行列, または $2 \times 2$ 行列とよぶ.

(2) $\begin{cases} u = 3x - y + 7z \\ v = 5x + 4y + 6z \end{cases}$ から決まる $B = \begin{pmatrix} 3 & -1 & 7 \\ 5 & 4 & 6 \end{pmatrix}$ を 2 行 3 列の行列, または $2 \times 3$ 行列という.

一般に, $m \times n$ 個のスカラー (スカラーとは数のことである) $a_{11}, a_{12}, \cdots, a_{1n}, a_{21}, \cdots, a_{2n}, \cdots, a_{m1}, \cdots, a_{mn}$ を

$$\begin{pmatrix} a_{11} & a_{12} & \cdots & a_{1n} \\ a_{21} & a_{22} & \cdots & a_{2n} \\ \cdots & \cdots & \cdots & \cdots \\ a_{m1} & a_{m2} & \cdots & a_{mn} \end{pmatrix}$$

のように並べて括弧でくくったものを **$m$ 行 $n$ 列の行列**, または $m \times n$ 行列という. 横の数の並びを**行**とよび, 縦の数の並びを**列**とよぶ. たとえば, $\begin{pmatrix} a_{11} & a_{12} & \cdots & a_{1n} \end{pmatrix}$ を第 1 行, $\begin{pmatrix} a_{21} & a_{22} & \cdots & a_{2n} \end{pmatrix}$ を第 2 行, $\cdots$, $\begin{pmatrix} a_{m1} & a_{m2} & \cdots & a_{mn} \end{pmatrix}$ を第 $m$ 行という. また, $\begin{pmatrix} a_{11} \\ a_{21} \\ \vdots \\ a_{m1} \end{pmatrix}$ を第 1 列, $\begin{pmatrix} a_{12} \\ a_{22} \\ \vdots \\ a_{m2} \end{pmatrix}$ を第 2 列, $\cdots$, $\begin{pmatrix} a_{1n} \\ a_{2n} \\ \vdots \\ a_{mn} \end{pmatrix}$ を第 $n$ 列という. 行列の第 $i$ 行と第 $j$ 列が交差したところにある数をその行列の $(i, j)$ 成分という. たとえば, $a_{11}$ を $(1, 1)$ 成分, $a_{12}$ を $(1, 2)$ 成分という.

特に, $1 \times n$ 行列

$$\begin{pmatrix} a_1 & a_2 & \cdots & a_n \end{pmatrix}$$

を $n$ 次元の**行ベクトル**といい, $m \times 1$ 行列

$$\begin{pmatrix} a_1 \\ a_2 \\ \vdots \\ a_m \end{pmatrix}$$

を $m$ 次元の**列ベクトル**という. このように, ベクトルは行列の特別な場合と

考えることができる．

行列を表すには，通常 $A, B, C, \cdots$ などの大文字を用い，ベクトルを表すには，$\boldsymbol{a}, \boldsymbol{b}, \boldsymbol{c}, \cdots$ などの小文字の太字を用いる．

すべての成分が 0 のとき，この行列を **零行列** とよび，$O$ で表す．行の数と列の数が等しい行列を **正方行列** といい，$n$ 行 $n$ 列の行列は $n$ 次の正方行列という．このときの $n$ を正方行列の次数という．$n$ 次の正方行列
$$A = \begin{pmatrix} a_{11} & a_{12} & \cdots & a_{1n} \\ a_{21} & a_{22} & \cdots & a_{2n} \\ \vdots & \vdots & & \vdots \\ a_{n1} & a_{n2} & \cdots & a_{nn} \end{pmatrix}$$
の成分の $a_{11}, a_{22}, \cdots, a_{nn}$ を **対角成分** という．対角成分がすべて 1 でそれ以外は 0 の行列を **単位行列** といい，$E$ と書く．特に，$r$ 次の単位行列を $E_r$ と書く．2 つの行列について，行の数と列の数がそれぞれ等しいとき，2 つの行列は **同じ型** の行列であるという．

**例5** $\begin{pmatrix} 1 & 0 \\ 0 & 1 \end{pmatrix}$ は 2 次の単位行列 $E_2$ である．

**例6** $\begin{pmatrix} -4 & 1 & 9 & 2 \\ 7 & 3 & -1 & 6 \\ -2 & 5 & 8 & -3 \end{pmatrix}$ は 3 行 4 列または $3 \times 4$ 行列である．たとえば，この行列の $(2, 3)$ 成分は $-1$ である．

**例7** $\begin{pmatrix} 0 & 0 \\ 0 & 0 \\ 0 & 0 \end{pmatrix}, \begin{pmatrix} 0 & 0 & 0 & 0 \\ 0 & 0 & 0 & 0 \\ 0 & 0 & 0 & 0 \end{pmatrix}$ は零行列である．

型が違えば行列としては等しくないが，混乱することがなければいろいろな型の零行列を同じ記号 $O$ で表す．

◇ **行列の相等**

行列 $A$ と行列 $B$ が **相等しい** とは両者が同じ型の行列で，対応するすべての成分が等しいことを意味する．このとき $A = B$ と書く．

**例8** 行列 $A$ が行列 $\begin{pmatrix} 3 & 0 & -1 \\ 4 & 1 & 2 \end{pmatrix}$ に相等しいとは，$A = \begin{pmatrix} a & b & c \\ d & e & f \end{pmatrix}$ の型で，しかも $a = 3, b = 0, c = -1, d = 4, e = 1, f = 2$ であることを意味

する.

**例題 2.1** $(i,j)$ 成分 $a_{ij}$ が $i+j$ である $2 \times 2$ 行列を書け.

**解答** $\begin{pmatrix} 1+1 & 1+2 \\ 2+1 & 2+2 \end{pmatrix} = \begin{pmatrix} 2 & 3 \\ 3 & 4 \end{pmatrix}$

**問 2.1** $(i,j)$ 成分 $a_{ij}$ が $i+j$ である $3 \times 4$ 行列を書け.

**問 2.2** 次の行列は何行何列か. また, それぞれの行列の $(2,3)$ 成分, $(3,2)$ 成分をいえ.

(1) $\begin{pmatrix} 2 & 3 & 4 & 5 \\ -1 & 4 & 5 & 6 \\ 4 & 7 & 6 & 9 \end{pmatrix}$ (2) $\begin{pmatrix} 3 & -5 & 2 \\ 2 & 0 & 9 \\ 1 & 7 & -3 \\ 5 & 4 & 5 \end{pmatrix}$

**問 2.3** $(i,j)$ 成分が $(-1)^{i+j}$ である $2 \times 3$ 行列を書け.

◇ 行列の和, 差

行列の和は 1 次変換の和から自然に定義することができる. たとえば, 次の 2 つの 1 次変換

$$\begin{cases} u = 4x + 2y \\ v = x + 3y \end{cases}$$

と

$$\begin{cases} u = 3x + y \\ v = -2x + 5y \end{cases}$$

によって, 点 $(x,y)$ の移った先の点はそれぞれ点 $(4x+2y, x+3y)$ および点 $(3x+y, -2x+5y)$ になる. これら 2 つの点の位置ベクトルを加えてみると, $(4x+2y, x+3y) + (3x+y, -2x+5y) = (7x+3y, -x+8y)$ となる. そこで, 上の 1 次変換を

$$\begin{cases} u = 7x + 3y \\ v = -x + 8y \end{cases}$$

と定めよう．これを行列で書くと，2つの1次変換は
$$\begin{pmatrix} u_1 \\ v_1 \end{pmatrix} = \begin{pmatrix} 4 & 2 \\ 1 & 3 \end{pmatrix} \begin{pmatrix} x \\ y \end{pmatrix}$$
と
$$\begin{pmatrix} u_2 \\ v_2 \end{pmatrix} = \begin{pmatrix} 3 & 1 \\ -2 & 5 \end{pmatrix} \begin{pmatrix} x \\ y \end{pmatrix}$$
であり，1次変換の和は
$$\begin{pmatrix} u_1 + u_2 \\ v_1 + v_2 \end{pmatrix} = \begin{pmatrix} 4+3 & 2+1 \\ 1-2 & 3+5 \end{pmatrix} \begin{pmatrix} x \\ y \end{pmatrix}$$
となる．そこで行列どうしの和を
$$\begin{pmatrix} 4 & 2 \\ 1 & 3 \end{pmatrix} + \begin{pmatrix} 3 & 1 \\ -2 & 5 \end{pmatrix} = \begin{pmatrix} 4+3 & 2+1 \\ 1-2 & 3+5 \end{pmatrix}$$
と定義しよう．

このことから，まず，行列の和は同じ型の行列の間でのみ定義され，行列 $A$ と $B$ の和は対応する成分どうしの和として定義されることがわかる．こうして定められる行列の和を $A + B$ と書く．

**例題 2.2** $A = \begin{pmatrix} 1 & 4 \\ -2 & 2 \end{pmatrix}$ と $B = \begin{pmatrix} 2 & -5 \\ 2 & 7 \end{pmatrix}$ の和を求めよ．

**解答** $A + B = \begin{pmatrix} 1 & 4 \\ -2 & 2 \end{pmatrix} + \begin{pmatrix} 2 & -5 \\ 2 & 7 \end{pmatrix} = \begin{pmatrix} 1+2 & 4+(-5) \\ -2+2 & 2+7 \end{pmatrix} = \begin{pmatrix} 3 & -1 \\ 0 & 9 \end{pmatrix}$

**問 2.4** 次の行列の和を求めよ．
$$\begin{pmatrix} 4 & -1 \\ 0 & 7 \end{pmatrix} + \begin{pmatrix} 6 & 3 \\ -5 & 2 \end{pmatrix}$$

**例題 2.3** $A = \begin{pmatrix} a & b \\ c & d \end{pmatrix}$ のとき，$A + X = O$ となる行列 $X$ を求めよ．

**解答** $A + X = O$ より，成分ごとに考えて $X = \begin{pmatrix} -a & -b \\ -c & -d \end{pmatrix}$ となる．

行列 $A$ に対してすべての成分の符号を変えた行列を $-A$ と書く．行列の差 $A - B$ は $A + (-B)$ と考えると，行列の和の定義から成分ごとの差として定

義されることがわかる．

---
**行列の和の性質**

(1) $A + B = B + A$

(2) $(A + B) + C = A + (B + C)$

(3) $A + O = A$

(4) $A + (-A) = O$

---

◇ 行列のスカラー倍

スカラー $k$ と行列 $A$ に対して，行列 $A$ のすべての成分を $k$ 倍した行列を行列 $A$ の $k$ 倍と定義し，$kA$ と書く．

**例9** $A = \begin{pmatrix} a & b \\ c & d \end{pmatrix}$ のとき，$kA = k\begin{pmatrix} a & b \\ c & d \end{pmatrix} = \begin{pmatrix} ka & kb \\ kc & kd \end{pmatrix}$

スカラー倍の定義から，行列 $A, B$ とスカラー $k, l$ に対して，次の性質が成り立つ．

---
(1) $1A = A, \quad (-1)A = -A$

(2) $0A = O, \quad kO = O$

(3) $(kl)A = k(lA)$

(4) $(k+l)A = kA + lA$

(5) $k(A+B) = kA + kB$

---

**例題 2.4** 次の計算をせよ．

$$\begin{pmatrix} 5 & -2 & 3 \\ 0 & 7 & 1 \\ -1 & 4 & 8 \end{pmatrix} - 3\begin{pmatrix} 0 & 1 & -2 \\ 7 & 0 & 5 \\ 1 & -3 & 0 \end{pmatrix}$$

**解答** $\begin{pmatrix} 5 & -2 & 3 \\ 0 & 7 & 1 \\ -1 & 4 & 8 \end{pmatrix} - 3\begin{pmatrix} 0 & 1 & -2 \\ 7 & 0 & 5 \\ 1 & -3 & 0 \end{pmatrix}$

$$= \begin{pmatrix} 5-3\times 0 & -2-3\times 1 & 3-3\times(-2) \\ 0-3\times 7 & 7-3\times 0 & 1-3\times 5 \\ -1-3\times 1 & 4-3\times(-3) & 8-3\times 0 \end{pmatrix} = \begin{pmatrix} 5 & -5 & 9 \\ -21 & 7 & -14 \\ -4 & 13 & 8 \end{pmatrix}$$

問 **2.5** 次の計算をせよ．
$$\begin{pmatrix} 3 & 5 & 3 \\ -2 & -7 & 1 \\ 7 & -4 & 2 \end{pmatrix} + 2\begin{pmatrix} 0 & -1 & -2 \\ -3 & 0 & 5 \\ 8 & -7 & 0 \end{pmatrix}$$

## 節末問題

*1.* 次の計算をせよ．
$$-2\begin{pmatrix} -1 & 2 \\ 5 & 3 \end{pmatrix} + 4\begin{pmatrix} 7 & 6 \\ -9 & 4 \end{pmatrix}$$

*2.* 次の式が成り立つように $x, y, z$ の値を決めよ．
$$5\begin{pmatrix} 9 & -1 \\ 3 & 6 \end{pmatrix} - 2\begin{pmatrix} x & y \\ \dfrac{19}{2} & z \end{pmatrix} = \begin{pmatrix} 1 & 7 \\ -4 & 5 \end{pmatrix}$$

*3.* 次の計算をせよ．

(1) $3\begin{pmatrix} 4 & -1 & 2 \\ 3 & 7 & 5 \end{pmatrix} + 2\begin{pmatrix} -3 & 6 & -7 \\ 1 & 0 & -4 \end{pmatrix}$

(2) $2\begin{pmatrix} 9 & 2 & 5 \\ -3 & 1 & 7 \\ 5 & 0 & 6 \end{pmatrix} - 5\begin{pmatrix} 0 & 5 & -8 \\ 1 & 7 & -3 \\ 3 & 2 & 1 \end{pmatrix}$

*4.* 次の式が成り立つように $x, y$ の値を決めよ．
$$2\begin{pmatrix} 1 & 2 & x \\ 0 & 1 & y \\ 0 & 0 & 1 \end{pmatrix} + \begin{pmatrix} 3 & 4 & -7 \\ 0 & 5 & 6 \\ 0 & 0 & 1 \end{pmatrix} = \begin{pmatrix} 5 & 8 & 1 \\ 0 & 7 & 8 \\ 0 & 0 & 3 \end{pmatrix}$$

◆問と節末問題の解答

問 **2.1** $\begin{pmatrix} 1+1 & 1+2 & 1+3 & 1+4 \\ 2+1 & 2+2 & 2+3 & 2+4 \\ 3+1 & 3+2 & 3+3 & 3+4 \end{pmatrix} = \begin{pmatrix} 2 & 3 & 4 & 5 \\ 3 & 4 & 5 & 6 \\ 4 & 5 & 6 & 7 \end{pmatrix}$

問 **2.2** (1) $3 \times 4$, 5, 7 　　(2) $4 \times 3$, 9, 7

問 **2.3** $\begin{pmatrix} 1 & -1 & 1 \\ -1 & 1 & -1 \end{pmatrix}$

問 **2.4** $\begin{pmatrix} 10 & 2 \\ -5 & 9 \end{pmatrix}$

問 **2.5** $\begin{pmatrix} 3 & 3 & -1 \\ -8 & -7 & 11 \\ 23 & -18 & 2 \end{pmatrix}$

*1.* $\begin{pmatrix} 30 & 20 \\ -46 & 10 \end{pmatrix}$

*2.* $x = 22, y = -6, z = \dfrac{25}{2}$

*3.* (1) $\begin{pmatrix} 6 & 9 & -8 \\ 11 & 21 & 7 \end{pmatrix}$ 　　(2) $\begin{pmatrix} 18 & -21 & 50 \\ -11 & -33 & 29 \\ -5 & -10 & 7 \end{pmatrix}$

*4.* $x = 4, y = 1$

## 2.2 行列の積

行列の和は，1次変換の和を考えることにより自然に定義することができた．同様にして，行列の積も，1次変換の合成を考えることにより自然に定義できる．

たとえば，1次変換

$$\begin{cases} u = 4x + 2y \\ v = \phantom{4}x + 3y \end{cases}$$

に1次変換

$$\begin{cases} s = \phantom{-}3u + \phantom{5}v \\ t = -2u + 5v \end{cases}$$

を合成してみよう．それには $u = 4x + 2y$, $v = x + 3y$ を $s, t$ の式に代入すればよく，

$$\begin{cases} s = \phantom{-}3(4x+2y) + \phantom{5}(x+3y) = \phantom{-}13x + \phantom{1}9y \\ t = -2(4x+2y) + 5(x+3y) = -3x + 11y \end{cases}$$

が合成した1次変換となる．これを行列で書くと，

$$\begin{pmatrix} u \\ v \end{pmatrix} = \begin{pmatrix} 4 & 2 \\ 1 & 3 \end{pmatrix} \begin{pmatrix} x \\ y \end{pmatrix} \quad と \quad \begin{pmatrix} s \\ t \end{pmatrix} = \begin{pmatrix} 3 & 1 \\ -2 & 5 \end{pmatrix} \begin{pmatrix} u \\ v \end{pmatrix} \quad から$$

$$\begin{pmatrix} s \\ t \end{pmatrix} = \begin{pmatrix} 3 & 1 \\ -2 & 5 \end{pmatrix} \begin{pmatrix} 4 & 2 \\ 1 & 3 \end{pmatrix} \begin{pmatrix} x \\ y \end{pmatrix} = \begin{pmatrix} 13 & 9 \\ -3 & 11 \end{pmatrix} \begin{pmatrix} x \\ y \end{pmatrix}$$

となる．そこで行列の積は

$$\begin{pmatrix} 3 & 1 \\ -2 & 5 \end{pmatrix} \begin{pmatrix} 4 & 2 \\ 1 & 3 \end{pmatrix} = \begin{pmatrix} 3\times 4 + 1\times 1 & 3\times 2 + 1\times 3 \\ -2\times 4 + 5\times 1 & -2\times 2 + 5\times 3 \end{pmatrix} = \begin{pmatrix} 13 & 9 \\ -3 & 11 \end{pmatrix}$$

のように計算されることがわかる．

一般の場合を説明する前に，簡単な例について，行列の積の定義を説明しよう．

まず，$1 \times 2$ 行列と $2 \times 1$ 行列の積は $1 \times 1$ 行列
$$\begin{pmatrix} a & b \end{pmatrix} \begin{pmatrix} x \\ y \end{pmatrix} = (ax + by)$$
となる.

次に，$2 \times 2$ 行列と $2 \times 1$ 行列の積は $2 \times 1$ 行列
$$\begin{pmatrix} a & b \\ c & d \end{pmatrix} \begin{pmatrix} x \\ y \end{pmatrix} = \begin{pmatrix} ax + by \\ cx + dy \end{pmatrix}$$
となる.

**例題 2.5** $A = \begin{pmatrix} -1 & 3 \\ 6 & 0 \end{pmatrix}$, $B = \begin{pmatrix} 3 \\ 2 \end{pmatrix}$ のとき，$AB$ の $(1,1)$, $(2,1)$ 成分を求めよ.

**解答** $(1,1)$ 成分は $\begin{pmatrix} -1 & 3 \end{pmatrix} \begin{pmatrix} 3 \\ 2 \end{pmatrix} = 3$, $(2,1)$ 成分は $\begin{pmatrix} 6 & 0 \end{pmatrix} \begin{pmatrix} 3 \\ 2 \end{pmatrix} = 18$

**問 2.6** 次の行列の積 $AB$ を求めよ.
$$A = \begin{pmatrix} 2 & 4 \\ 6 & 8 \end{pmatrix}, \ B = \begin{pmatrix} 5 \\ 7 \end{pmatrix}$$

◇ 一般の行列の積の定義

ここで，一般の行列について行列の積を定義しておこう. $m$ 行 $n$ 列の行列 $A$ と $n$ 行 $l$ 列の行列 $B$
$$A = \begin{pmatrix} a_{11} & a_{12} & \cdots & a_{1n} \\ a_{21} & a_{22} & \cdots & a_{2n} \\ \vdots & \vdots & \vdots & \vdots \\ a_{m1} & a_{m2} & \cdots & a_{mn} \end{pmatrix}, \ B = \begin{pmatrix} b_{11} & b_{12} & \cdots & b_{1l} \\ b_{21} & b_{22} & \cdots & b_{2l} \\ \vdots & \vdots & \vdots & \vdots \\ b_{n1} & b_{n2} & \cdots & b_{nl} \end{pmatrix}$$
の積は $m$ 行 $l$ 列の行列
$$C = \begin{pmatrix} c_{11} & c_{12} & \cdots & c_{1l} \\ c_{21} & c_{22} & \cdots & c_{2l} \\ \vdots & \vdots & \vdots & \vdots \\ c_{m1} & c_{m2} & \cdots & c_{ml} \end{pmatrix}$$
となり，その $(i, k)$ 成分は

$$c_{ik} = \begin{pmatrix} a_{i1} & a_{i2} & \cdots & a_{in} \end{pmatrix} \begin{pmatrix} b_{1k} \\ b_{2k} \\ \vdots \\ b_{nk} \end{pmatrix}$$

$$= a_{i1}b_{1k} + a_{i2}b_{2k} + a_{i3}b_{3k} + \cdots + a_{in}b_{nk}$$

と定義される．このように，行列の積 $AB$ は行列 $A$ の列の数と行列 $B$ の行の数が等しければ，異なる型の行列に対しても定義できる．

行列の乗法の性質をまとめると次のようになる．

―― 行列の乗法の性質 ――

(1) $(kA)B = A(kB) = k(AB)$ （ただし，$k$ は実数）

(2) $(AB)C = A(BC)$

(3) $A(B + C) = AB + AC$

(4) $(A + B)C = AC + BC$

(5) $AO = O, \quad OA = O$

(6) $AE = A, \quad EA = A$

(2) により，$(AB)C$ や $A(BC)$ は $ABC$ と書いてもよいことがわかる．
また，$AA = A^2$，$AAA = A^3$ などと書く．

**例題 2.6** $A = \begin{pmatrix} 1 & 2 \\ 2 & 4 \end{pmatrix}$, $B = \begin{pmatrix} 2 & -6 \\ -1 & 3 \end{pmatrix}$ のとき，$AB$, $BA$ をそれぞれ計算することにより，$AB \neq BA$ であることを確かめよ．

**解答** $AB = \begin{pmatrix} 1 & 2 \\ 2 & 4 \end{pmatrix}\begin{pmatrix} 2 & -6 \\ -1 & 3 \end{pmatrix}$

$= \begin{pmatrix} 1\times 2 + 2\times(-1) & 1\times(-6) + 2\times 3 \\ 2\times 2 + 4\times(-1) & 2\times(-6) + 4\times 3 \end{pmatrix} = \begin{pmatrix} 0 & 0 \\ 0 & 0 \end{pmatrix}$

$BA = \begin{pmatrix} 2 & -6 \\ -1 & 3 \end{pmatrix}\begin{pmatrix} 1 & 2 \\ 2 & 4 \end{pmatrix}$

$= \begin{pmatrix} 2\times 1 + (-6)\times 2 & 2\times 2 + (-6)\times 4 \\ (-1)\times 1 + 3\times 2 & (-1)\times 2 + 3\times 4 \end{pmatrix} = \begin{pmatrix} -10 & -20 \\ 5 & 10 \end{pmatrix}$

この例から，行列の積については乗法の交換法則が成立しないこと，すなわち，一般に，$AB \neq BA$ であることがわかる．

**問 2.7** $A = \begin{pmatrix} 1 & 2 \\ 3 & 4 \end{pmatrix}$, $B = \begin{pmatrix} 1 & -1 \\ -1 & 1 \end{pmatrix}$ のとき，$AB, BA$ を求めよ．

**例題 2.7** $A = \begin{pmatrix} 1 & 0 & 0 \\ -1 & 1 & 0 \\ 1 & -1 & 1 \end{pmatrix}$, $B = \begin{pmatrix} 1 & 2 & 3 \\ 4 & 5 & 6 \\ 7 & 8 & 9 \end{pmatrix}$ のとき，$AB$ を求めよ．

**解答**

$AB$
$= \begin{pmatrix} 1\times 1 + 0\times 4 + 0\times 7 & 1\times 2 + 0\times 5 + 0\times 8 & 1\times 3 + 0\times 6 + 0\times 9 \\ -1\times 1 + 1\times 4 + 0\times 7 & -1\times 2 + 1\times 5 + 0\times 8 & -1\times 3 + 1\times 6 + 0\times 9 \\ 1\times 1 + (-1)\times 4 + 1\times 7 & 1\times 2 + (-1)\times 5 + 1\times 8 & 1\times 3 + (-1)\times 6 + 1\times 9 \end{pmatrix}$
$= \begin{pmatrix} 1 & 2 & 3 \\ 3 & 3 & 3 \\ 4 & 5 & 6 \end{pmatrix}$ ∎

**問 2.8** $A = \begin{pmatrix} 1 & 0 & 0 \\ 2 & 1 & 0 \\ 3 & 2 & 1 \end{pmatrix}$, $B = \begin{pmatrix} 1 & 1 & -1 \\ 1 & -1 & 1 \\ -1 & 1 & 1 \end{pmatrix}$ のとき，$AB$ を求めよ．

#### 節末問題

**5.** $A = \begin{pmatrix} a & b \\ c & d \end{pmatrix}$ のとき，$A^2 - (a+d)A + (ad-bc)E_2$ を計算せよ．

**6.** $A = \begin{pmatrix} a & 1 \\ 0 & a \end{pmatrix}$ のとき，$A^2, A^3, A^4$ を計算せよ．

**7.** 次の計算をせよ．

(1) $\begin{pmatrix} 1 & -2 \\ 2 & -3 \end{pmatrix} \begin{pmatrix} -3 & 2 \\ -2 & 1 \end{pmatrix}$ (2) $\begin{pmatrix} 1 & 2 & 3 \\ 4 & 5 & 6 \end{pmatrix} \begin{pmatrix} -1 & 3 \\ 0 & 2 \\ 1 & 4 \end{pmatrix}$

(3) $\begin{pmatrix} -1 & 3 \\ 0 & 2 \\ 1 & 4 \end{pmatrix} \begin{pmatrix} 1 & 2 & 3 \\ 4 & 5 & 6 \end{pmatrix}$

**8.** 次の計算をせよ．

(1) $\begin{pmatrix} 1 & 0 & 2 \\ -1 & 1 & 3 \\ 1 & -1 & 4 \end{pmatrix} \begin{pmatrix} 4 & 1 & -1 \\ 2 & 1 & 0 \\ 3 & -1 & 1 \end{pmatrix}$

(2) $\begin{pmatrix} 4 & 1 & -1 \\ 2 & 1 & 0 \\ 3 & -1 & 1 \end{pmatrix} \begin{pmatrix} 1 & 0 & 2 \\ -1 & 1 & 3 \\ 1 & -1 & 4 \end{pmatrix}$

**9.** 次の計算をせよ．

(1) $\begin{pmatrix} 5 & 3 & -1 \\ 2 & 1 & 3 \\ 3 & 2 & 8 \end{pmatrix} \begin{pmatrix} 4 & 1 & 5 \\ -1 & 1 & 1 \\ 1 & 0 & 2 \end{pmatrix}$

(2) $\begin{pmatrix} 4 & 1 & 5 \\ -1 & 1 & 1 \\ 1 & 0 & 2 \end{pmatrix} \begin{pmatrix} 5 & 3 & -1 \\ 2 & 1 & 3 \\ 3 & 2 & 8 \end{pmatrix}$

**10.** $A = \begin{pmatrix} 1 & 0 & 2 \\ -1 & 1 & 3 \\ 1 & -1 & 4 \end{pmatrix}, B = \begin{pmatrix} 4 \\ 2 \\ 3 \end{pmatrix}, C = \begin{pmatrix} 1 \\ 1 \\ -1 \end{pmatrix}, D = \begin{pmatrix} -1 \\ 0 \\ 1 \end{pmatrix}$ とおくとき，$A \begin{pmatrix} B & C & D \end{pmatrix} = \begin{pmatrix} AB & AC & AD \end{pmatrix}$ となることを確かめよ．ここで，$\begin{pmatrix} B & C & D \end{pmatrix}$ は3つのベクトル $B, C, D$ を横に並べてつくられる行列である．

◆問と節末問題の解答

問 **2.6** $AB = \begin{pmatrix} 38 \\ 86 \end{pmatrix}$

問 **2.7** $AB = \begin{pmatrix} -1 & 1 \\ -1 & 1 \end{pmatrix}, \quad BA = \begin{pmatrix} -2 & -2 \\ 2 & 2 \end{pmatrix}$

問 **2.8** $AB = \begin{pmatrix} 1 & 1 & -1 \\ 3 & 1 & -1 \\ 4 & 2 & 0 \end{pmatrix}$

**5.** $A^2 - (a+d)A + (ad-bc)E = O$

**6.** $A^2 = \begin{pmatrix} a^2 & 2a \\ 0 & a^2 \end{pmatrix}, A^3 = \begin{pmatrix} a^3 & 3a^2 \\ 0 & a^3 \end{pmatrix}, A^4 = \begin{pmatrix} a^4 & 4a^3 \\ 0 & a^4 \end{pmatrix}.$

**7.** (1) $\begin{pmatrix} 1 & 0 \\ 0 & 1 \end{pmatrix}$ (2) $\begin{pmatrix} 2 & 19 \\ 2 & 46 \end{pmatrix}$ (3) $\begin{pmatrix} 11 & 13 & 15 \\ 8 & 10 & 12 \\ 17 & 22 & 27 \end{pmatrix}$

**8.** (1) $\begin{pmatrix} 10 & -1 & 1 \\ 7 & -3 & 4 \\ 14 & -4 & 3 \end{pmatrix}$ (2) $\begin{pmatrix} 2 & 2 & 7 \\ 1 & 1 & 7 \\ 5 & -2 & 7 \end{pmatrix}$

**9.** (1) $\begin{pmatrix} 16 & 8 & 26 \\ 10 & 3 & 17 \\ 18 & 5 & 33 \end{pmatrix}$ (2) $\begin{pmatrix} 37 & 23 & 39 \\ 0 & 0 & 12 \\ 11 & 7 & 15 \end{pmatrix}$

**10.** 略

## 2.3　いろいろな行列

◇ **転置行列**

たとえば，行列 $A = \begin{pmatrix} 2 & -3 \\ 7 & 1 \\ 5 & 8 \end{pmatrix}$ について，行と列を入れ替えて行列 $\begin{pmatrix} 2 & 7 & 5 \\ -3 & 1 & 8 \end{pmatrix}$ をつくることを行列 $A$ を**転置**するという．この転置された行列を $^tA$ と書いて，$A$ の**転置行列**という．一般に転置行列 $^tA$ の $(i,j)$ 成分はもとの行列 $A$ の $(j,i)$ 成分となっている．

**例題 2.8**　$A = \begin{pmatrix} 7 & -2 \\ 1 & 3 \end{pmatrix}$ の転置行列を求めよ．

**解答**　$^tA = \begin{pmatrix} 7 & 1 \\ -2 & 3 \end{pmatrix}$

**問 2.9**　$\begin{pmatrix} 4 & -5 \\ 1 & 3 \end{pmatrix}$ の転置行列を求めよ．

**問 2.10**　$\begin{pmatrix} 2 & -1 & 4 \\ 5 & 6 & 9 \end{pmatrix}$ の転置行列を求めよ．

行列の積を転置するとどうなるか考えてみよう．
$A = \begin{pmatrix} 5 & 1 \\ 1 & 3 \end{pmatrix}, B = \begin{pmatrix} -2 & 7 \\ 4 & 5 \end{pmatrix}$ のとき
$AB = \begin{pmatrix} 5 & 1 \\ 1 & 3 \end{pmatrix}\begin{pmatrix} -2 & 7 \\ 4 & 5 \end{pmatrix} = \begin{pmatrix} -6 & 40 \\ 10 & 22 \end{pmatrix}$ となり，一方
$^tB\,^tA = \begin{pmatrix} -2 & 4 \\ 7 & 5 \end{pmatrix}\begin{pmatrix} 5 & 1 \\ 1 & 3 \end{pmatrix} = \begin{pmatrix} -6 & 10 \\ 40 & 22 \end{pmatrix}$ となる．

この例からわかるように，一般に $^t(AB)$ と $^tB\,^tA$ とは一致する．ここで，$A, B$ の順番に注意しよう．$^t(AB)$ と $^tA\,^tB$ とは一般に一致しない．

$$^t(AB) = {^tB}\,{^tA}$$

**問 2.11** $A = \begin{pmatrix} 2 & 1 & 4 \\ 3 & 5 & 7 \end{pmatrix}$, $B = \begin{pmatrix} -1 & 0 \\ 3 & 5 \\ 8 & 1 \end{pmatrix}$ とする. $AB$ と ${}^tB\,{}^tA$ をそれぞれ計算して, ${}^t(AB) = {}^tB\,{}^tA$ を確かめよ.

◇ いろいろな行列の例

転置しても変わらない, つまり $A = {}^tA$ を満たす正方行列を**対称行列**とよぶ.

**例題 2.9** $A = \begin{pmatrix} 5 & 1 \\ 1 & 3 \end{pmatrix}$ は対称行列か.

**解答** $A = \begin{pmatrix} 5 & 1 \\ 1 & 3 \end{pmatrix}$ を転置すると ${}^tA = \begin{pmatrix} 5 & 1 \\ 1 & 3 \end{pmatrix}$ より ${}^tA = A$. したがって, $A$ は対称行列である. ∎

$A = \begin{pmatrix} 5 & 0 & 0 \\ 0 & 9 & 0 \\ 0 & 0 & -3 \end{pmatrix}$ のように, 対角成分以外は 0 である行列を**対角行列**という. 対角行列の $n$ 乗 $(n = 2, 3, \cdots)$ を計算してみよう. たとえば, 上の $A$ について, $A^2 = \begin{pmatrix} 5^2 & 0 & 0 \\ 0 & 9^2 & 0 \\ 0 & 0 & (-3)^2 \end{pmatrix}$ となり, $A^3 = \begin{pmatrix} 5^3 & 0 & 0 \\ 0 & 9^3 & 0 \\ 0 & 0 & (-3)^3 \end{pmatrix}$ となることがわかる. これから, 一般に $n = 1, 2, 3, \cdots$ に対して, $A^n = \begin{pmatrix} 5^n & 0 & 0 \\ 0 & 9^n & 0 \\ 0 & 0 & (-3)^n \end{pmatrix}$ となることが容易にわかる. このように, 対角行列は $n$ 乗が簡単に計算できるなど, 便利で扱いやすい性質をもっていることがわかる. もし, なんらかの方法によって, ある行列を対角行列に変換することができれば, 計算が簡単になり, たいへん便利である. その方法については第 4 章「行列の対角化」で学ぶ.

この他にも, 特別な形をした行列の例として, 次のような三角行列がある. $B = \begin{pmatrix} 8 & 4 & 1 \\ 0 & -2 & 6 \\ 0 & 0 & 1 \end{pmatrix}$ のような $a_{ij} = 0$ $(i > j)$ となる行列を**上三角行列**といい,

$C = \begin{pmatrix} 8 & 0 & 0 \\ 5 & -2 & 0 \\ 1 & 6 & 1 \end{pmatrix}$ のような $a_{ij} = 0 \, (i < j)$ となる行列を**下三角行列**という。

---

### 節末問題

**11.** $A = \begin{pmatrix} 5 & 0 \\ 1 & 3 \end{pmatrix}, B = \begin{pmatrix} -2 & 7 \\ 8 & 6 \end{pmatrix}, C = \begin{pmatrix} -7 & 9 \\ 3 & 5 \end{pmatrix}$ のとき，$2A - 3\,{}^tBC$ を計算せよ。

**12.** $A = \begin{pmatrix} 5 & 0 \\ 1 & 3 \end{pmatrix}, B = \begin{pmatrix} -2 & 7 \\ 8 & 6 \end{pmatrix}$ のとき，$AB, AB - BA, {}^t(AB) - {}^tB\,{}^tA$ を計算せよ。

**13.** $A = \begin{pmatrix} 5 & -1 & 2 \\ 3 & 7 & 0 \\ 2 & -3 & 9 \end{pmatrix}$ のとき，$A + {}^tA, A - {}^tA$ を計算せよ。

◆問と節末問題の解答

問 **2.9** $\begin{pmatrix} 4 & 1 \\ -5 & 3 \end{pmatrix}$

問 **2.10** $\begin{pmatrix} 2 & 5 \\ -1 & 6 \\ 4 & 9 \end{pmatrix}$

問 **2.11** $AB = \begin{pmatrix} 33 & 9 \\ 68 & 32 \end{pmatrix}, \quad {}^tB\,{}^tA = \begin{pmatrix} 33 & 68 \\ 9 & 32 \end{pmatrix}, \quad {}^t(AB) = {}^tB\,{}^tA$

**11.** $\begin{pmatrix} -104 & -66 \\ 95 & -273 \end{pmatrix}$

**12.** $\begin{pmatrix} -10 & 35 \\ 22 & 25 \end{pmatrix}, \begin{pmatrix} -7 & 14 \\ -24 & 7 \end{pmatrix}, \begin{pmatrix} 0 & 0 \\ 0 & 0 \end{pmatrix}$

**13.** $\begin{pmatrix} 10 & 2 & 4 \\ 2 & 14 & -3 \\ 4 & -3 & 18 \end{pmatrix}, \begin{pmatrix} 0 & -4 & 0 \\ 4 & 0 & 3 \\ 0 & -3 & 0 \end{pmatrix}$

## 2.4 正則行列と逆行列

◇ 正則行列

正方行列 $A$ に対して，$AX = XA = E$ となる行列 $X$ があるとき，$X$ を $A$ の**逆行列**といい，$A^{-1}$ と書く．逆行列をもつ行列を**正則行列**という．逆行列の定義から，$X$ も $A$ と同じ型の正方行列である．

**例題 2.10** 逆行列は存在すればただ 1 つであることを示せ．

**解答** $AX = XA = E, AY = YA = E$ と仮定しよう．$AY = E$ に左から $X$ を掛けて $X(AY) = XE$. 左辺は $X(AY) = (XA)Y = EY = Y$，右辺は $XE = X$ となる．したがって，$X = Y$. ∎

> 同じ次数の正則行列 $A, B$ の積 $AB$ は正則行列であり，$(AB)^{-1} = B^{-1}A^{-1}$ が成り立つ．

**(証明)** $(AB)(B^{-1}A^{-1}) = A(BB^{-1})A^{-1} = E,$
$(B^{-1}A^{-1})(AB) = B^{-1}(A^{-1}A)B = E.$

次のことが行列の階数と行基本変形の勉強をしたあとでわかる．

> $X$ が $A$ と同じ型の正方行列のとき，
> $AX = E$ または $XA = E$ のいずれかが成立すれば $X = A^{-1}$ である．

2 次の正方行列の場合は，逆行列は次のように容易に求められる．

> $A = \begin{pmatrix} a & b \\ c & d \end{pmatrix}$ のとき，$ad - bc \neq 0$ ならば，
> $$A^{-1} = \frac{1}{ad - bc} \begin{pmatrix} d & -b \\ -c & a \end{pmatrix}$$
> となる．また，$ad - bc = 0$ ならば，$A$ の逆行列は存在しない．

(証明)　$A$ の逆行列を $\begin{pmatrix} x & u \\ y & v \end{pmatrix}$ とすると，$\begin{pmatrix} a & b \\ c & d \end{pmatrix}\begin{pmatrix} x & u \\ y & v \end{pmatrix} = \begin{pmatrix} 1 & 0 \\ 0 & 1 \end{pmatrix}$ を満たす．これは未知数 $x, y, u, v$ について，以下の連立方程式と同値である．

$$\begin{cases} ax + by = 1 & \text{①} \\ cx + dy = 0 & \text{②} \end{cases}$$

$$\begin{cases} au + bv = 0 & \text{③} \\ cu + dv = 1 & \text{④} \end{cases}$$

まず，①$\times d -$②$\times b$ より $(ad-bc)x = d$ を得る．次に，$-$①$\times c +$②$\times a$ より $(ad-bc)y = -c$ を得る．同様に，③$\times d -$④$\times b$ より $(ad-bc)u = -b$，$-$③$\times c +$④$\times a$ より $(ad-bc)v = a$ を得る．したがって，$ad - bc \neq 0$ ならば，逆行列が求まる．

$ad - bc = 0$ ならば逆行列は存在しないことは，上の推論から $a = b = c = d = 0$ がわかり，① または ④ に矛盾することからわかる．

**例1**　行列 $A = \begin{pmatrix} 3 & 7 \\ 1 & 5 \end{pmatrix}$ に対して，$A^{-1}$ を求めよ．

$3 \times 5 - 7 \times 1 = 8 \neq 0$ より，$A^{-1}$ は

$$A^{-1} = \begin{pmatrix} 3 & 7 \\ 1 & 5 \end{pmatrix}^{-1} = \begin{pmatrix} \frac{5}{8} & -\frac{7}{8} \\ -\frac{1}{8} & \frac{3}{8} \end{pmatrix}$$

となる．

---

連立方程式 $\begin{cases} ax + by = e \\ cx + dy = f \end{cases}$ は　$ad - bc \neq 0$　のとき，ただ1つの解

$\begin{pmatrix} x \\ y \end{pmatrix} = \dfrac{1}{ad - bc} \begin{pmatrix} de - bf \\ af - ce \end{pmatrix}$ をもつ．

---

(証明)　$A = \begin{pmatrix} a & b \\ c & d \end{pmatrix}$, $X = \begin{pmatrix} x \\ y \end{pmatrix}$, $B = \begin{pmatrix} e \\ f \end{pmatrix}$ とすれば，連立方程式は $AX = B$ と表される．条件から $A$ は正則であり，この式の両辺に左から $A^{-1}$

を掛ければ
$$X = A^{-1}B = \frac{1}{ad-bc}\begin{pmatrix} d & -b \\ -c & a \end{pmatrix}\begin{pmatrix} e \\ f \end{pmatrix} = \frac{1}{ad-bc}\begin{pmatrix} de-bf \\ af-ce \end{pmatrix}$$
となって，解が求まる．

> (1) $A$ が正則行列ならば $A^{-1}$ も正則であり，$(A^{-1})^{-1} = A$．
> (2) $A$ が正則ならば転置行列 ${}^tA$ も正則であり，$({}^tA)^{-1} = {}^t(A^{-1})$．

(証明) (1) $A^{-1}A = AA^{-1} = E$ より，$(A^{-1})^{-1} = A$ である．

(2) $AA^{-1} = A^{-1}A = E$ を転置して ${}^t(A^{-1}){}^tA = {}^tA{}^t(A^{-1}) = E$ を得る．したがって，$({}^tA)^{-1} = {}^t(A^{-1})$．

**例題 2.11** $A = \begin{pmatrix} 4 & 2 \\ 6 & 3 \end{pmatrix}$ は正則行列かどうか調べよ．

**解答** $X = \begin{pmatrix} x & u \\ y & v \end{pmatrix}$ とおき，$AX = E_2$ となる $X$ の存在を調べる．まず $\begin{pmatrix} 4 & 2 \\ 6 & 3 \end{pmatrix}\begin{pmatrix} x \\ y \end{pmatrix} = \begin{pmatrix} 1 \\ 0 \end{pmatrix}$ より連立1次方程式 $\begin{cases} 4x + 2y = 1 \\ 6x + 3y = 0 \end{cases}$ を得るが，これは解をもたない．したがって，逆行列は存在せず，正則行列ではない．
別のやり方として，$4 \times 3 - 2 \times 6 = 0$ より正則行列でないとしてもよい．∎

**問 2.12** 次の行列の逆行列を求めよ．
(1) $\begin{pmatrix} 2 & 5 \\ 1 & 3 \end{pmatrix}$   (2) $\begin{pmatrix} 2 & 3 \\ 1 & 3 \end{pmatrix}$

―――――――― 節末問題 ――――――――

**14.** 次の行列の逆行列を求めよ．
(1) $\begin{pmatrix} 5 & 7 \\ 2 & 3 \end{pmatrix}$   (2) $\begin{pmatrix} -7 & 5 \\ -4 & 3 \end{pmatrix}$   (3) $\begin{pmatrix} 1 & 3 \\ 2 & 5 \end{pmatrix}$

◆問と節末問題の解答

**問 2.12** (1) $\begin{pmatrix} 3 & -5 \\ -1 & 2 \end{pmatrix}$ (2) $\dfrac{1}{3}\begin{pmatrix} 3 & -3 \\ -1 & 2 \end{pmatrix}$

***14.*** (1) $\begin{pmatrix} 3 & -7 \\ -2 & 5 \end{pmatrix}$ (2) $\begin{pmatrix} -3 & 5 \\ -4 & 7 \end{pmatrix}$ (3) $\begin{pmatrix} -5 & 3 \\ 2 & -1 \end{pmatrix}$

2.4 正則行列と逆行列

## 2.5 行列の基本変形と階数

ここでは，連立 1 次方程式を通して行列の行基本変形を学び，さらに行列の階数や逆行列の求め方を学ぼう．

◇ 行基本変形

連立 1 次方程式 $\begin{cases} 3x + 4y = 10 \\ x + 2y = 2 \end{cases}$

を解くことを考えよう．この連立 1 次方程式は代入法によって簡単に解くことができるが，ここでは別のやり方をしてみよう．後でわかるように，ここで示す方法は解が無数にある場合など，いろいろな場合にも適用でき，連立 1 次方程式を系統的に解くことができる．

1 行目と 2 行目を交換して，

$$\begin{cases} x + 2y = 2 \\ 3x + 4y = 10 \end{cases}$$

1 行目の $-3$ 倍を 2 行目に加えると，

$$\begin{cases} x + 2y = 2 \\ -2y = 4 \end{cases}$$

2 行目を $-\dfrac{1}{2}$ 倍して，

$$\begin{cases} x + 2y = 2 \\ y = -2 \end{cases}$$

2 行目を $-2$ 倍して 1 行目に加える．

$$\begin{cases} x = 6 \\ y = -2 \end{cases}$$

これが求める解である．

ここで考えた連立1次方程式を行列を用いて表すと，次のように書ける．
$\begin{pmatrix} 3 & 4 \\ 1 & 2 \end{pmatrix} \begin{pmatrix} x \\ y \end{pmatrix} = \begin{pmatrix} 10 \\ 2 \end{pmatrix}$ この左辺の左側の行列 $\begin{pmatrix} 3 & 4 \\ 1 & 2 \end{pmatrix}$ を**係数行列**とよぶ．
係数行列の隣に右辺の定数部分 $\begin{pmatrix} 10 \\ 2 \end{pmatrix}$ を加えた行列 $\left( \begin{array}{cc|c} 3 & 4 & 10 \\ 1 & 2 & 2 \end{array} \right)$ を**拡大係数行列**という．一般の場合はあとで述べる．

連立1次方程式を解くために行った式変形は，対応する拡大係数行列についていうと，次のような行についての3つの基本操作となる．これを**行基本変形**とよぶ．

---
**行基本変形**

(1) 2つの行を交換する．

(2) 1つの行に0でないスカラーを掛ける．

(3) 1つの行に他の行の何倍かを加える．

---

以下では，行列 $\begin{pmatrix} 1 & 2 & 3 \\ 4 & 5 & 6 \end{pmatrix}$ について，具体的に (i) – (iii) の行基本変形のやり方を説明しよう．

(i) たとえば，第1行と第2行を交換すると
$$\begin{pmatrix} 1 & 2 & 3 \\ 4 & 5 & 6 \end{pmatrix} \rightarrow \begin{pmatrix} 4 & 5 & 6 \\ 1 & 2 & 3 \end{pmatrix}$$
となる．これを
$$\begin{pmatrix} 1 & 2 & 3 \\ 4 & 5 & 6 \end{pmatrix} \xrightarrow{①\leftrightarrow②} \begin{pmatrix} 4 & 5 & 6 \\ 1 & 2 & 3 \end{pmatrix}$$
と表そう．ここで，①，② はそれぞれ第1行，第2行という意味である．

(ii) たとえば，第1行を3倍すると
$$\begin{pmatrix} 1 & 2 & 3 \\ 4 & 5 & 6 \end{pmatrix} \rightarrow \begin{pmatrix} 3 & 6 & 9 \\ 4 & 5 & 6 \end{pmatrix}$$
となる．これを
$$\begin{pmatrix} 1 & 2 & 3 \\ 4 & 5 & 6 \end{pmatrix} \xrightarrow{①\times 3} \begin{pmatrix} 3 & 6 & 9 \\ 4 & 5 & 6 \end{pmatrix}$$
と表そう．

2.5 行列の基本変形と階数

(iii) たとえば，第 2 行に第 1 行の $(-4)$ 倍を加えると

$$\begin{pmatrix} 1 & 2 & 3 \\ 4 & 5 & 6 \end{pmatrix} \to \begin{pmatrix} 1 & 2 & 3 \\ 4+1\times(-4) & 5+2\times(-4) & 6+3\times(-4) \end{pmatrix}$$

$$= \begin{pmatrix} 1 & 2 & 3 \\ 0 & -3 & -6 \end{pmatrix}$$

となる．これを

$$\begin{pmatrix} 1 & 2 & 3 \\ 4 & 5 & 6 \end{pmatrix} \xrightarrow{②+①\times(-4)} \begin{pmatrix} 1 & 2 & 3 \\ 0 & -3 & -6 \end{pmatrix}$$

と表そう．このとき，最初に指定された行の値が変わる．いまの例では，変わるのは第 2 行の値だけで第 1 行はそのままである．

ここで述べた行基本変形の各操作は，次の例からわかるように左から各操作に対応する正則行列を掛けることと等しい．

$$\begin{pmatrix} 1 & 2 & 3 \\ 4 & 5 & 6 \end{pmatrix} \xrightarrow{①\times 3} \begin{pmatrix} 3 & 6 & 9 \\ 4 & 5 & 6 \end{pmatrix}\;\text{は}$$

$$\begin{pmatrix} 3 & 0 \\ 0 & 1 \end{pmatrix}\begin{pmatrix} 1 & 2 & 3 \\ 4 & 5 & 6 \end{pmatrix} = \begin{pmatrix} 3 & 6 & 9 \\ 4 & 5 & 6 \end{pmatrix}$$

と表される．

$$\begin{pmatrix} 1 & 2 & 3 \\ 4 & 5 & 6 \end{pmatrix} \xrightarrow{②+①\times(-4)} \begin{pmatrix} 1 & 2 & 3 \\ 0 & -3 & -6 \end{pmatrix}\;\text{は}$$

$$\begin{pmatrix} 1 & 0 \\ -4 & 1 \end{pmatrix}\begin{pmatrix} 1 & 2 & 3 \\ 4 & 5 & 6 \end{pmatrix} = \begin{pmatrix} 1 & 2 & 3 \\ 0 & -3 & -6 \end{pmatrix}$$

と表される．

この例から予想されるように次の定理が成り立つ．

---

**定理 2.1**

行基本変形は行列の左から各操作に対応する行列を掛けることと同じである．行基本変形に対応する行列はすべて正則行列である．逆に，任意の正則行列はいくつかの行基本変形に対応する行列の積として書ける．

---

**例題 2.12** 連立 1 次方程式 $\begin{cases} 3x + 4y = 10 \\ x + 2y = 2 \end{cases}$ を拡大係数行列 $\begin{pmatrix} 3 & 4 & | & 10 \\ 1 & 2 & | & 2 \end{pmatrix}$ に行基本変形を繰り返して解け．

**解答** 行基本変形を行って $\begin{pmatrix} 3 & 4 & | & 10 \\ 1 & 2 & | & 2 \end{pmatrix} \xrightarrow{①\leftrightarrow②} \begin{pmatrix} 1 & 2 & | & 2 \\ 3 & 4 & | & 10 \end{pmatrix} \xrightarrow{②+①\times(-3)}$

$\begin{pmatrix} 1 & 2 & | & 2 \\ 0 & -2 & | & 4 \end{pmatrix} \xrightarrow{②\times(-\frac{1}{2})} \begin{pmatrix} 1 & 2 & | & 2 \\ 0 & 1 & | & -2 \end{pmatrix} \xrightarrow{①+②\times(-2)} \begin{pmatrix} 1 & 0 & | & 6 \\ 0 & 1 & | & -2 \end{pmatrix}$

したがって，解は

$$x = 6, \quad y = -2$$

となる．

連立方程式を拡大係数行列を用いて解く方法は後で詳しく述べるが，方針は次に述べる階段行列や標準形をめざして変形していけばよい．

◇ **階段行列**

**階段行列**とは，次のような行列のことである．

> **階段行列**とは，上から第 1 行，第 2 行，… と各行についてその成分を左から見ていくとき，はじめて 0 でない成分が現れるまでの 0 の個数が順に増えていく行列のことである．

階段行列を模式的に表すと，

$$\begin{pmatrix} a & * & * & * & * \\ & & b & * & * & * \\ & O & & & c & * & * \\ & & & & & d & * \end{pmatrix}$$

となる．ただし，$a, b, c, d$ の成分は 0 でなく，$*$ の成分は 0 でも 0 でなくてもよい．次の 2 つの例で示すように，具体的な例を見ると階段行列がどのようなものかわかるだろう．すべての成分が 0 となった場合は，0 の個数はそれ以上

2.5 行列の基本変形と階数

増えようがないので，次の行へ移るときに0の個数は増えなくてもよい．

**例 1**　次の行列はすべて階段行列である．

$$\begin{pmatrix} 3 \\ 0 \end{pmatrix}, \quad \begin{pmatrix} 4 & 7 \\ 0 & 3 \end{pmatrix}, \quad \begin{pmatrix} 1 & 2 & 3 \\ 0 & 0 & 0 \\ 0 & 0 & 0 \end{pmatrix},$$

$$\begin{pmatrix} 0 & 3 & 5 & 2 \\ 0 & 0 & -1 & 3 \\ 0 & 0 & 0 & 4 \end{pmatrix}, \quad \begin{pmatrix} 5 & 1 & 2 & 7 \\ 0 & 9 & 4 & -2 \\ 0 & 0 & 1 & 3 \\ 0 & 0 & 0 & 0 \end{pmatrix}$$

**例 2**　次の行列は階段行列ではない．

$$\begin{pmatrix} 1 & 0 \\ 2 & 3 \end{pmatrix}, \quad \begin{pmatrix} 0 & 3 & 5 \\ 1 & 0 & -1 \\ 0 & 0 & 3 \end{pmatrix}, \quad \begin{pmatrix} 1 & 2 & 3 & 4 \\ 0 & 0 & 5 & 6 \\ 0 & 0 & 7 & 8 \end{pmatrix}$$

◇ 行列の階数とは何か

行列の**階数 (ランク)** とは次のように定義される量である．

> 階数とは，行列に行基本変形を繰り返して階段行列にしたときに残る零ベクトルでない行ベクトルの個数のことである．行列 $A$ の階数を rank $A$ と書く．
>
> 　行基本変形をさらに続けることによって，すべての行の0でない左端の成分は1に，その成分を含む列の他の成分はすべて0とできる．この行列を**行基本変形による標準形**という．この標準形は行基本変形によらず一意的に決まる．

また，次のことが成り立つ．

> 　任意の行列は行基本変形によって階段行列にすることができ，行基本変形で移りあう行列は同じ階数をもつ．

**例 3**　標準形の例．

$$\begin{pmatrix} 1 & 0 \\ 0 & 1 \end{pmatrix}, \quad \begin{pmatrix} 1 & 0 & 0 \\ 0 & 1 & 0 \\ 0 & 0 & 1 \end{pmatrix}, \quad \begin{pmatrix} 1 & 5 & 0 \\ 0 & 0 & 1 \end{pmatrix}, \quad \begin{pmatrix} 0 & 1 & 0 \\ 0 & 0 & 1 \end{pmatrix},$$

$$\begin{pmatrix} 1 & -2 & 0 & 7 & 0 \\ 0 & 0 & 1 & 13 & 0 \\ 0 & 0 & 0 & 0 & 1 \end{pmatrix}$$

**例 4** 標準形ではない例．

$$\begin{pmatrix} 1 & 2 \\ 0 & 1 \end{pmatrix}, \quad \begin{pmatrix} -1 & 0 \\ 0 & 1 \end{pmatrix}, \quad \begin{pmatrix} 1 & 0 & 1 \\ 0 & 0 & 1 \end{pmatrix}$$

標準形について，より詳しい説明は巻末の付録にまとめてあるので，詳しく知りたい人はそれを参照して欲しい．

ここでは，具体的な例題によって行基本変形のやり方を学ぼう．

**例題 2.13** 行基本変形を用いることにより次の行列の階数を求めよ．
$$A = \begin{pmatrix} 2 & 3 \\ 4 & 6 \end{pmatrix}$$

**解答** 行基本変形を用いて階段行列にする．
$$\begin{pmatrix} 2 & 3 \\ 4 & 6 \end{pmatrix} \xrightarrow{②+①\times(-2)} \begin{pmatrix} 2 & 3 \\ 0 & 0 \end{pmatrix}$$

したがって，階数は 1 である．

**問 2.13** 次の行列の階数を求めよ．
$$\begin{pmatrix} 2 & 5 \\ 4 & 10 \end{pmatrix}$$

**例題 2.14** 次の行列を行基本変形により階段行列にし，さらに標準形にせよ．

(1) $A = \begin{pmatrix} 1 & 2 & 3 & 7 \\ 2 & 5 & 4 & 8 \end{pmatrix}$  (2) $A = \begin{pmatrix} 0 & -1 & -2 \\ 1 & 0 & -2 \\ 2 & 1 & 0 \end{pmatrix}$

**解答** (1) $A = \begin{pmatrix} 1 & 2 & 3 & 7 \\ 2 & 5 & 4 & 8 \end{pmatrix} \xrightarrow{②+①\times(-2)} \begin{pmatrix} 1 & 2 & 3 & 7 \\ 0 & 1 & -2 & -6 \end{pmatrix}$ （階段行列） $\xrightarrow{①+②\times(-2)} \begin{pmatrix} 1 & 0 & 7 & 19 \\ 0 & 1 & -2 & -6 \end{pmatrix}$ （標準形）

(2) $A = \begin{pmatrix} 0 & -1 & -2 \\ 1 & 0 & -2 \\ 2 & 1 & 0 \end{pmatrix} \xrightarrow{①\leftrightarrow②} \begin{pmatrix} 1 & 0 & -2 \\ 0 & -1 & -2 \\ 2 & 1 & 0 \end{pmatrix} \xrightarrow{③+①\times(-2)} \begin{pmatrix} 1 & 0 & -2 \\ 0 & -1 & -2 \\ 0 & 1 & 4 \end{pmatrix}$

$$\xrightarrow{③+②} \begin{pmatrix} 1 & 0 & -2 \\ 0 & -1 & -2 \\ 0 & 0 & 2 \end{pmatrix} (階段行列) \xrightarrow{①+③,②+③} \begin{pmatrix} 1 & 0 & 0 \\ 0 & -1 & 0 \\ 0 & 0 & 2 \end{pmatrix} \xrightarrow{②\times(-1),③\times\frac{1}{2}}$$

$$\begin{pmatrix} 1 & 0 & 0 \\ 0 & 1 & 0 \\ 0 & 0 & 1 \end{pmatrix} (標準形)$$

**問 2.14** 次の行列を行基本変形を用いて標準形にせよ．

(1) $\begin{pmatrix} 1 & 2 & 4 & 7 \\ 2 & 5 & 8 & -1 \end{pmatrix}$ (2) $\begin{pmatrix} 0 & 1 & -2 \\ 1 & -3 & 0 \\ 7 & 0 & 5 \end{pmatrix}$

(3) $\begin{pmatrix} 0 & -1 & -2 \\ -3 & 0 & 3 \\ 8 & -7 & 0 \end{pmatrix}$ (4) $\begin{pmatrix} 0 & 1 & -2 \\ 7 & 0 & 7 \\ 7 & 1 & 5 \end{pmatrix}$

**例題 2.15** 行列 $\begin{pmatrix} 1 & 0 & 1 \\ 0 & 1 & 1 \\ 1 & 1 & t \end{pmatrix}$ の階数を求めよ．ただし，$t$ は実数とする．

**解答**

$$\begin{pmatrix} 1 & 0 & 1 \\ 0 & 1 & 1 \\ 1 & 1 & t \end{pmatrix} \xrightarrow{③+①\times(-1)} \begin{pmatrix} 1 & 0 & 1 \\ 0 & 1 & 1 \\ 0 & 1 & t-1 \end{pmatrix} \xrightarrow{③+②\times(-1)} \begin{pmatrix} 1 & 0 & 1 \\ 0 & 1 & 1 \\ 0 & 0 & t-2 \end{pmatrix}$$

これより，$t \neq 2$ ならば階数は 3，$t = 2$ ならば階数は 2 となる．

**問 2.15** 行列 $\begin{pmatrix} 0 & -1 & -2 \\ -3 & 0 & 3 \\ 3 & 1 & t \end{pmatrix}$ の階数を求めよ．$t$ の値によってどのようになるか，場合分けして考えよ．

◇ **行基本変形を利用した逆行列の求め方**

正方行列 $A$ の右側に同じ次数の単位行列 $E$ を並べた行列に，行基本変形を繰り返し作用させて $A$ があった部分を単位行列に変形させることができたとする．定理 2.1 で示されたように，行基本変形は変形に対応する行列を左から掛けることと同じであるから，この操作に対応する行列をまとめて $P$ と書

くと，$P(A \mid E) = (PA \mid P) = (E \mid P)$ と書ける．このとき，$PA = E$ となっているので，行列 $P$ は $A$ の逆行列となっている．つまり，この操作で $(A \mid E) \to (E \mid A^{-1})$ となることがわかる．このように，$A$ の逆行列は行列 $(A \mid E)$ に行基本変形を行って，$A$ があった部分を単位行列に変形することにより求めることができる．

逆行列の求め方を例題によって具体的に示そう．

**例題 2.16** $A = \begin{pmatrix} 2 & 5 \\ 1 & 3 \end{pmatrix}$ の逆行列を行基本変形を利用して求めよ．

**解答** $A$ の右側に同じ次数の単位行列を並べ，$A$ の部分が単位行列になるまで行基本変形を行う．変形のやり方に決まりはないが，以下に示すように，左から順番に係数行列を標準形の形にしていくとよい．

$$\left(\begin{array}{cc|cc} 2 & 5 & 1 & 0 \\ 1 & 3 & 0 & 1 \end{array}\right) \xrightarrow{①+②\times(-1)} \left(\begin{array}{cc|cc} 1 & 2 & 1 & -1 \\ 1 & 3 & 0 & 1 \end{array}\right) \xrightarrow{②+①\times(-1)}$$

$$\left(\begin{array}{cc|cc} 1 & 2 & 1 & -1 \\ 0 & 1 & -1 & 2 \end{array}\right) \xrightarrow{①+②\times(-2)} \left(\begin{array}{cc|cc} 1 & 0 & 3 & -5 \\ 0 & 1 & -1 & 2 \end{array}\right)$$

したがって，$A^{-1} = \begin{pmatrix} 3 & -5 \\ -1 & 2 \end{pmatrix}$ と求められる．

**(注意)** $\begin{pmatrix} 2 & 5 \\ 1 & 3 \end{pmatrix}$ の逆行列を $\begin{pmatrix} p_{11} & p_{12} \\ p_{21} & p_{22} \end{pmatrix}$ とおくと，

$\begin{pmatrix} 2 & 5 \\ 1 & 3 \end{pmatrix} \begin{pmatrix} p_{11} & p_{12} \\ p_{21} & p_{22} \end{pmatrix} = \begin{pmatrix} 1 & 0 \\ 0 & 1 \end{pmatrix}$ を満たす．これは

$\begin{pmatrix} 2 & 5 \\ 1 & 3 \end{pmatrix} \begin{pmatrix} p_{11} \\ p_{21} \end{pmatrix} = \begin{pmatrix} 1 \\ 0 \end{pmatrix}$ と $\begin{pmatrix} 2 & 5 \\ 1 & 3 \end{pmatrix} \begin{pmatrix} p_{12} \\ p_{22} \end{pmatrix} = \begin{pmatrix} 0 \\ 1 \end{pmatrix}$

という2つの連立方程式を解くことと同じである．この2つの方程式は係数が同じなので解く手順は全く同じである．そこで，それぞれの連立方程式の拡大係数行列を次のように1つにまとめて

$$\left(\begin{array}{cc|cc} 2 & 5 & 1 & 0 \\ 1 & 3 & 0 & 1 \end{array}\right)$$

とし，これに行基本変形を施していけばよい．すると，当然，最後は

$\begin{pmatrix} 1 & 0 & | & p_{11} & p_{12} \\ 0 & 1 & | & p_{21} & p_{22} \end{pmatrix}$ の形となる.

**例題 2.17** $A = \begin{pmatrix} 1 & -2 & -5 \\ -2 & 5 & 14 \\ 1 & 0 & 4 \end{pmatrix}$ の逆行列を行基本変形を利用して求めよ.

**解答** $A$ が 3 次の正方行列であるので,はじめに $A$ の右側に 3 次の単位行列を並べ,上の例題と同様に $A$ の部分が単位行列となるまで行基本変形を行う.変形のやり方に決まりはないが,以下に示すように,左から順番に標準形に近づけていくとよい.

$\begin{pmatrix} 1 & -2 & -5 & | & 1 & 0 & 0 \\ -2 & 5 & 14 & | & 0 & 1 & 0 \\ 1 & 0 & 4 & | & 0 & 0 & 1 \end{pmatrix} \xrightarrow[\text{③}+\text{①}\times(-1)]{\text{②}+\text{①}\times 2} \begin{pmatrix} 1 & -2 & -5 & | & 1 & 0 & 0 \\ 0 & 1 & 4 & | & 2 & 1 & 0 \\ 0 & 2 & 9 & | & -1 & 0 & 1 \end{pmatrix}$

$\xrightarrow[\text{③}+\text{②}\times(-2)]{\text{①}+\text{②}\times 2} \begin{pmatrix} 1 & 0 & 3 & | & 5 & 2 & 0 \\ 0 & 1 & 4 & | & 2 & 1 & 0 \\ 0 & 0 & 1 & | & -5 & -2 & 1 \end{pmatrix} \xrightarrow[\text{②}+\text{③}\times(-4)]{\text{①}+\text{③}\times(-3)}$

$\begin{pmatrix} 1 & 0 & 0 & | & 20 & 8 & -3 \\ 0 & 1 & 0 & | & 22 & 9 & -4 \\ 0 & 0 & 1 & | & -5 & -2 & 1 \end{pmatrix}$

したがって,$A^{-1} = \begin{pmatrix} 20 & 8 & -3 \\ 22 & 9 & -4 \\ -5 & -2 & 1 \end{pmatrix}$ と求められる.

ここに検算の方法を示しておく.$A$ が求まったら,$AA^{-1}$ または $A^{-1}A$ を計算し,どちらか単位行列になっていれば,求めた $A^{-1}$ は正しい.上の例題では,たとえば $AA^{-1}$ を計算すると

$AA^{-1} = \begin{pmatrix} 1 & -2 & -5 \\ -2 & 5 & 14 \\ 1 & 0 & 4 \end{pmatrix} \begin{pmatrix} 20 & 8 & -3 \\ 22 & 9 & -4 \\ -5 & -2 & 1 \end{pmatrix}$

$= \begin{pmatrix} 20-44+25 & 8-18+10 & -3+8-5 \\ -40+110-70 & -16+45-28 & 6-20+14 \\ 20+0-20 & 8+0-8 & -3-0+4 \end{pmatrix}$

$$= \begin{pmatrix} 1 & 0 & 0 \\ 0 & 1 & 0 \\ 0 & 0 & 1 \end{pmatrix}$$

となるので，求めた $A^{-1}$ は正しいことがわかる．

**問 2.16** 次の行列の逆行列を求めよ．

(1) $\begin{pmatrix} 1 & 2 \\ 3 & 5 \end{pmatrix}$ (2) $\begin{pmatrix} 2 & 5 \\ 3 & 7 \end{pmatrix}$ (3) $\begin{pmatrix} 1 & 2 & -1 \\ 0 & 1 & 0 \\ 0 & 0 & 1 \end{pmatrix}$

(4) $\begin{pmatrix} 1 & 3 & -1 \\ 0 & 1 & 5 \\ 0 & 0 & 1 \end{pmatrix}$ (5) $\begin{pmatrix} 1 & 0 & 0 \\ 4 & 1 & 0 \\ -1 & 2 & 1 \end{pmatrix}$

行列の正則性と階数の間には次のような定理が成り立つ．この定理を用いれば，行列が正則かどうか判定することができる．

---
**定理 2.2**

$n$ 次の正方行列 $A$ について rank $A = n$ のとき，$A$ は正則行列である．逆も成り立つ．

---

(証明) rank $A = n$ ならば，行基本変形に対応する正則行列の積を $P$ とすると，$PA = E_n$ となる．$P = A^{-1}$ より $A$ は正則行列である．逆に，$A$ が $n$ 次正則行列であるとしよう．もし，rank $A < n$ とすると，$A$ に行基本変形を行ったとき，一番下の行が零行ベクトルとなり，正則行列ではなくなる．これは，正則行列の積が正則行列となることに反する．

◇ 逆行列が存在しないことを知る方法

逆行列が存在するかどうか知るには階数 (ランク) を調べればよい．例題で具体的にその方法を示そう．

**例題 2.18** $A = \begin{pmatrix} 3 & 1 & 5 \\ 4 & -2 & 8 \\ 7 & -1 & 13 \end{pmatrix}$ のランクを求め，逆行列が存在しないことを確かめよ．

**解答** 行基本変形を繰り返して階段行列に変形する．

$$\begin{pmatrix} 3 & 1 & 5 \\ 4 & -2 & 8 \\ 7 & -1 & 13 \end{pmatrix} \xrightarrow{②+①\times(-1)} \begin{pmatrix} 3 & 1 & 5 \\ 1 & -3 & 3 \\ 7 & -1 & 13 \end{pmatrix} \xrightarrow{①\leftrightarrow②} \begin{pmatrix} 1 & -3 & 3 \\ 3 & 1 & 5 \\ 7 & -1 & 13 \end{pmatrix}$$

$$\xrightarrow{②+①\times(-3),③+①\times(-7)} \begin{pmatrix} 1 & -3 & 3 \\ 0 & 10 & -4 \\ 0 & 20 & -8 \end{pmatrix} \xrightarrow{③+②\times(-2)} \begin{pmatrix} 1 & -3 & 3 \\ 0 & 10 & -4 \\ 0 & 0 & 0 \end{pmatrix}$$

この行列の階数は2で行列の次数より小さい．したがって，正則行列ではない．

**(注意)** 定理2.1で述べたように，行基本変形は各変形に対応する行列を左から掛けることと同じであるので，上の例題で行った各行基本変形に対応する行列全部の積を $P$ と書くと，例題の変形は次のように表される．

$$P \begin{pmatrix} 3 & 1 & 5 \\ 4 & -2 & 8 \\ 7 & -1 & 13 \end{pmatrix} = \begin{pmatrix} 1 & -3 & 3 \\ 0 & 10 & -4 \\ 0 & 0 & 0 \end{pmatrix}$$

この最後の行列は第3行目が零行ベクトルであるから右からどんな行列を掛けても積行列の第3行目は零行ベクトルである．したがって，単位行列となることはなく，$A$ は逆行列をもたない．

#### 節末問題

**15.** 次の行列の階数を求めよ．

(1) $\begin{pmatrix} 2 & 3 \\ 3 & 5 \end{pmatrix}$  (2) $\begin{pmatrix} 2 & 4 & 6 \\ -1 & -2 & -3 \end{pmatrix}$  (3) $\begin{pmatrix} 2 & 1 & -5 \\ 3 & -1 & 2 \\ 5 & 0 & -3 \end{pmatrix}$

**16.** 行列 $\begin{pmatrix} 2 & 1 \\ 3 & 1 \end{pmatrix}$ の逆行列を求めよ．

**17.** 次の行列に行基本変形を行って標準形にせよ．

(1) $\begin{pmatrix} 1 & 2 & 3 \\ 4 & 8 & 12 \end{pmatrix}$  (2) $\begin{pmatrix} 1 & 3 & 2 \\ -2 & 4 & 6 \\ -1 & 7 & 8 \end{pmatrix}$  (3) $\begin{pmatrix} 1 & 1 & 2 \\ 4 & -2 & 5 \\ 5 & -1 & 7 \end{pmatrix}$

**18.** 次の行列の逆行列を行基本変形を用いて求めよ．

(1) $\begin{pmatrix} 2 & 5 & 2 \\ 1 & 3 & 2 \\ 1 & 2 & -1 \end{pmatrix}$ (2) $\begin{pmatrix} 1 & 1 & 2 \\ 3 & 4 & 7 \\ -1 & 1 & 1 \end{pmatrix}$

◆問と節末問題の解答

問 **2.13** 階数 1

問 **2.14** (1) $\begin{pmatrix} 1 & 0 & 4 & 37 \\ 0 & 1 & 0 & -15 \end{pmatrix}$ (2) $\begin{pmatrix} 1 & 0 & 0 \\ 0 & 1 & 0 \\ 0 & 0 & 1 \end{pmatrix}$

(3) $\begin{pmatrix} 1 & 0 & 0 \\ 0 & 1 & 0 \\ 0 & 0 & 1 \end{pmatrix}$ (4) $\begin{pmatrix} 1 & 0 & 1 \\ 0 & 1 & -2 \\ 0 & 0 & 0 \end{pmatrix}$

問 **2.15** 行基本変形を施すと，たとえば $\begin{pmatrix} 1 & 0 & -1 \\ 0 & 1 & 2 \\ 0 & 0 & t+1 \end{pmatrix}$ となる．これより，$t \neq -1$ なら階数は 3，$t = -1$ なら階数は 2 となる．

問 **2.16** (1) $\begin{pmatrix} -5 & 2 \\ 3 & -1 \end{pmatrix}$ (2) $\begin{pmatrix} -7 & 5 \\ 3 & -2 \end{pmatrix}$ (3) $\begin{pmatrix} 1 & -2 & 1 \\ 0 & 1 & 0 \\ 0 & 0 & 1 \end{pmatrix}$

(4) $\begin{pmatrix} 1 & -3 & 16 \\ 0 & 1 & -5 \\ 0 & 0 & 1 \end{pmatrix}$ (5) $\begin{pmatrix} 1 & 0 & 0 \\ -4 & 1 & 0 \\ 9 & -2 & 1 \end{pmatrix}$

**15.** (1) 階数は 2 (2) 階数は 1 (3) 階数は 2

**16.** $\begin{pmatrix} -1 & 1 \\ 3 & -2 \end{pmatrix}$

**17.** (1) $\begin{pmatrix} 1 & 2 & 3 \\ 0 & 0 & 0 \end{pmatrix}$ (2) $\begin{pmatrix} 1 & 0 & -1 \\ 0 & 1 & 1 \\ 0 & 0 & 0 \end{pmatrix}$ (3) $\begin{pmatrix} 1 & 0 & \frac{3}{2} \\ 0 & 1 & \frac{1}{2} \\ 0 & 0 & 0 \end{pmatrix}$

**18.** (1) $\begin{pmatrix} 7 & -9 & -4 \\ -3 & 4 & 2 \\ 1 & -1 & -1 \end{pmatrix}$ (2) $\begin{pmatrix} -3 & 1 & -1 \\ -10 & 3 & -1 \\ 7 & -2 & 1 \end{pmatrix}$

2.5 行列の基本変形と階数

## 2.6 連立1次方程式と行列

◇ **連立1次方程式と行列の基本変形**

前節で行列について行基本変形を学んだが，連立1次方程式の拡大係数行列について行基本変形を用いることにより，連立1次方程式を系統的に解くことができる．これが**掃き出し法**とよばれる方法である．

まず，次の例題から考えてみよう．

**例題 2.19** 連立1次方程式
$$\begin{cases} 3x+ 2y = 12 \\ 4x- y = 5 \end{cases}$$
を行列で表せ．

**解答** 係数行列は
$A = \begin{pmatrix} 3 & 2 \\ 4 & -1 \end{pmatrix}$ で，定数ベクトルは $\boldsymbol{b} = \begin{pmatrix} 12 \\ 5 \end{pmatrix}$ となる．この連立1次方程式を行列で表せば
$$\begin{pmatrix} 3 & 2 \\ 4 & -1 \end{pmatrix} \begin{pmatrix} x \\ y \end{pmatrix} = \begin{pmatrix} 12 \\ 5 \end{pmatrix}$$
と書ける．

**問 2.17** 連立1次方程式 $\begin{cases} x+ y+ z = 6 \\ 2x- y+ 3z = 9 \\ 5x+ 7y- 4z = 7 \end{cases}$
の係数行列 $A$，定数ベクトル $\boldsymbol{b}$，拡大係数行列 $B$ を書け．

**例題 2.20** $\left( \begin{array}{ccc|c} 1 & 1 & 1 & 6 \\ 2 & -1 & 3 & 9 \\ 5 & 7 & -4 & 7 \end{array} \right)$ を拡大係数行列とする連立1次方程式を書け．

**解答** $\begin{cases} x+ y+ z = 6 \\ 2x- y+ 3z = 9 \\ 5x+ 7y- 4z = 7 \end{cases}$

**問 2.18** $\begin{pmatrix} 1 & 0 & 3 & | & 6 \\ 0 & 1 & 2 & | & 9 \\ 0 & 0 & 0 & | & 0 \end{pmatrix}$ を拡大係数行列とする連立1次方程式を書け．

一般の連立1次方程式を考えよう．

$n$ 個の未知数 $x_1, x_2, \cdots, x_n$ に対して，次の形のような $m$ 個の1次方程式からなる連立方程式

$$\begin{cases} a_{11}x_1 + a_{12}x_2 + a_{13}x_3 + \cdots + a_{1n}x_n = b_1 \\ a_{21}x_1 + a_{22}x_2 + a_{23}x_3 + \cdots + a_{2n}x_n = b_2 \\ a_{31}x_1 + a_{32}x_2 + a_{33}x_3 + \cdots + a_{3n}x_n = b_3 \\ \cdots \\ a_{m1}x_1 + a_{m2}x_2 + a_{m3}x_3 + \cdots + a_{mn}x_n = b_m \end{cases}$$

を**連立1次方程式**という．

$$A = \begin{pmatrix} a_{11} & a_{12} & \cdots & a_{1n} \\ a_{21} & a_{22} & \cdots & a_{2n} \\ \cdots & \cdots & \cdots & \cdots \\ a_{m1} & a_{m2} & \cdots & a_{mn} \end{pmatrix}$$

を，この連立1次方程式の**係数行列**という．

$$\boldsymbol{b} = \begin{pmatrix} b_1 \\ b_2 \\ \vdots \\ b_m \end{pmatrix}$$

を**定数ベクトル**という．

$$B = (A \mid \boldsymbol{b}) = \begin{pmatrix} a_{11} & a_{12} & \cdots & a_{1n} & | & b_1 \\ a_{21} & a_{22} & \cdots & a_{2n} & | & b_2 \\ \cdots & \cdots & \cdots & \cdots & | & \vdots \\ a_{m1} & a_{m2} & \cdots & a_{mn} & | & b_m \end{pmatrix}$$

2.6 連立1次方程式と行列

を**拡大係数行列**という．

連立 1 次方程式 $\begin{cases} x+2y=12 \\ 2x-y=9 \end{cases}$ を解くことを考えよう．

このためには拡大係数行列に対して行基本変形を繰り返し用いて，係数行列を標準形に変形していけばよい．

行基本変形の復習をしておこう．連立方程式に対して行う基本変形は次のようなものであった．

(1) 1 つの式に 0 でない定数を掛ける．
(2) 1 つの式に他の式の $k$ 倍を加える．
(3) 2 つの式を交換する．

これに対応して，拡大係数行列に行う行基本変形は次のような操作であった．

(1) 1 つの行に 0 でない定数を掛ける．
(2) 1 つの行に他の行の $k$ 倍を加える．
(3) 2 つの行を交換する．

**例題 2.21** 連立 1 次方程式

$$\begin{cases} x+2y=12 \\ 2x-y=9 \end{cases}$$

を拡大係数行列の行基本変形を用いることにより解け．

**解答** $\begin{pmatrix} 1 & 2 & | & 12 \\ 2 & -1 & | & 9 \end{pmatrix} \xrightarrow{②+①\times(-2)} \begin{pmatrix} 1 & 2 & | & 12 \\ 0 & -5 & | & -15 \end{pmatrix} \xrightarrow{②\times(-\frac{1}{5})}$

$\begin{pmatrix} 1 & 2 & | & 12 \\ 0 & 1 & | & 3 \end{pmatrix} \xrightarrow{①+②\times(-2)} \begin{pmatrix} 1 & 0 & | & 6 \\ 0 & 1 & | & 3 \end{pmatrix}$ を拡大係数行列とする連立 1 次方程式は

$$\begin{cases} 1x+0y=6 \\ 0x+1y=3 \end{cases}$$

である．したがって

$$\begin{cases} x = 6 \\ y = 3 \end{cases}$$

が求める解である．

**例題 2.22** 連立 1 次方程式

$$\begin{cases} 3x + 2y = 12 \\ 4x - y = 5 \end{cases}$$

を拡大係数行列に行基本変形を用いることにより解け．

**解答**
$\begin{pmatrix} 3 & 2 & | & 12 \\ 4 & -1 & | & 5 \end{pmatrix} \xrightarrow{②+①\times(-1)} \begin{pmatrix} 3 & 2 & | & 12 \\ 1 & -3 & | & -7 \end{pmatrix} \xrightarrow{①\leftrightarrow②}$

$\begin{pmatrix} 1 & -3 & | & -7 \\ 3 & 2 & | & 12 \end{pmatrix} \xrightarrow{②+①\times(-3)} \begin{pmatrix} 1 & -3 & | & -7 \\ 0 & 11 & | & 33 \end{pmatrix} \xrightarrow{②\times(\frac{1}{11})}$

$\begin{pmatrix} 1 & -3 & | & -7 \\ 0 & 1 & | & 3 \end{pmatrix} \xrightarrow{①+②\times 3} \begin{pmatrix} 1 & 0 & | & 2 \\ 0 & 1 & | & 3 \end{pmatrix}$

したがって

$$\begin{cases} x = 2 \\ y = 3 \end{cases}$$

が求める解である．

このように，拡大係数行列に対して行基本変形を繰り返して用いることにより連立 1 次方程式を解くことを**掃き出し法**という．

**例題 2.23** 連立 1 次方程式 $\begin{cases} x + y + z = 6 \\ 2x - y + 3z = 9 \\ 5x + 7y - 4z = 7 \end{cases}$

を掃き出し法で解け．

**解答** 解き方の方針は，拡大係数行列に行基本変形を施し，標準形に変形

することである.

$$
\begin{pmatrix} 1 & 1 & 1 & | & 6 \\ 2 & -1 & 3 & | & 9 \\ 5 & 7 & -4 & | & 7 \end{pmatrix} \xrightarrow{②+①\times(-2)} \begin{pmatrix} 1 & 1 & 1 & | & 6 \\ 0 & -3 & 1 & | & -3 \\ 5 & 7 & -4 & | & 7 \end{pmatrix} \xrightarrow{③+①\times(-5)}
$$

$$
\begin{pmatrix} 1 & 1 & 1 & | & 6 \\ 0 & -3 & 1 & | & -3 \\ 0 & 2 & -9 & | & -23 \end{pmatrix} \xrightarrow{②+③} \begin{pmatrix} 1 & 1 & 1 & | & 6 \\ 0 & -1 & -8 & | & -26 \\ 0 & 2 & -9 & | & -23 \end{pmatrix} \xrightarrow{②\times(-1)}
$$

$$
\begin{pmatrix} 1 & 1 & 1 & | & 6 \\ 0 & 1 & 8 & | & 26 \\ 0 & 2 & -9 & | & -23 \end{pmatrix} \xrightarrow{③+②\times(-2)} \begin{pmatrix} 1 & 1 & 1 & | & 6 \\ 0 & 1 & 8 & | & 26 \\ 0 & 0 & -25 & | & -75 \end{pmatrix} \xrightarrow{③\times(-\frac{1}{25})}
$$

$$
\begin{pmatrix} 1 & 1 & 1 & | & 6 \\ 0 & 1 & 8 & | & 26 \\ 0 & 0 & 1 & | & 3 \end{pmatrix} \xrightarrow{①+②\times(-1)} \begin{pmatrix} 1 & 0 & -7 & | & -20 \\ 0 & 1 & 8 & | & 26 \\ 0 & 0 & 1 & | & 3 \end{pmatrix} \xrightarrow{②+③\times(-8)}
$$

$$
\begin{pmatrix} 1 & 0 & -7 & | & -20 \\ 0 & 1 & 0 & | & 2 \\ 0 & 0 & 1 & | & 3 \end{pmatrix} \xrightarrow{①+③\times 7} \begin{pmatrix} 1 & 0 & 0 & | & 1 \\ 0 & 1 & 0 & | & 2 \\ 0 & 0 & 1 & | & 3 \end{pmatrix}
$$

得られた結果を連立 1 次方程式に戻すと,

$$
\begin{cases} x = 1 \\ y = 2 \\ z = 3 \end{cases}
$$

となるので，これが求める解である.

**問 2.19** 次の連立 1 次方程式を掃き出し法で解け.

(1) $\begin{cases} 4x + 7y = 1 \\ x - y = 3 \end{cases}$
(2) $\begin{cases} 5x - 7y = 1 \\ 2x + 5y = 16 \end{cases}$
(3) $\begin{cases} x + y - z = 0 \\ x - y + z = 2 \\ x + y + z = 6 \end{cases}$

## 節末問題

**19.** 次の連立1次方程式を解け.

(1) $\begin{cases} x - 2y + z = 0 \\ -2x + 3y + z = 7 \\ 3x + y - z = 2 \end{cases}$ (2) $\begin{cases} x - y + z = 0 \\ 2x + y - z = -3 \\ 3x + y + 2z = 2 \end{cases}$

(3) $\begin{cases} x + y + z + w = 3 \\ x + y - z - w = -3 \\ x - y - z + w = 1 \\ x + y + z - w = 1 \end{cases}$

◆問と節末問題の解答

問 **2.17** $A = \begin{pmatrix} 1 & 1 & 1 \\ 2 & -1 & 3 \\ 5 & 7 & -4 \end{pmatrix}$, $\boldsymbol{b} = \begin{pmatrix} 6 \\ 9 \\ 7 \end{pmatrix}$, $B = \left(\begin{array}{ccc|c} 1 & 1 & 1 & 6 \\ 2 & -1 & 3 & 9 \\ 5 & 7 & -4 & 7 \end{array}\right)$

問 **2.18** $\begin{cases} x + 0y + 3z = 6 \\ 0x + 1y + 2z = 9 \\ 0x + 0y + 0z = 0 \end{cases}$

問 **2.19** (1) $x = 2, y = -1$ (2) $x = 3, y = 2$
(3) $x = 1, y = 2, z = 3$

**19.** (1) $x = 1, y = 2, z = 3$ (2) $x = -1, y = 1, z = 2$
(3) $x = 1, y = -1, z = 2, w = 1$

## 2.7 連立 1 次方程式の解の構造と階数

◇ 階数の意味と解の構造

ここでは，連立 1 次方程式の解の存在条件と拡大係数行列の階数がどのように結びついているかを学ぼう．

まず，次の 3 つの連立 1 次方程式を考えてみよう．

(1) $\begin{cases} x+y=5 \\ x-y=1 \end{cases}$ (2) $\begin{cases} x+y=5 \\ x+y=5 \end{cases}$ (3) $\begin{cases} x+y=5 \\ x+y=6 \end{cases}$

$xy$ 平面で上の方程式を考えると，(1) の解は 2 直線の交点，(2) の解は 1 本の直線全体，(3) は 2 本の平行線なので解がないということになる．

解が一義的に求められる場合は前節で扱ったので，この節では (2) と (3) の場合について考えよう．

(2) の拡大係数行列は行基本変形を行うと，

$$\begin{pmatrix} 1 & 1 & | & 5 \\ 1 & 1 & | & 5 \end{pmatrix} \xrightarrow{②+①\times(-1)} \begin{pmatrix} 1 & 1 & | & 5 \\ 0 & 0 & | & 0 \end{pmatrix}$$

となり，これを連立 1 次方程式に戻すと，

$$\begin{cases} x+y=5 \\ 0=0 \end{cases}$$

となる．未知数の数 2 に対して独立な式の数は 1 つであるので ($0=0$ は自明な関係式であるため，式の数には入れない)，$x, y$ は一意に決まらない．そこで，$y=t$ ($t$ は任意の実数) とおいて，解は

$$\begin{cases} x=5-t \\ y=t \end{cases}$$ と書ける．

(3) の拡大係数行列は行基本変形を行うと，

$$\begin{pmatrix} 1 & 1 & | & 5 \\ 1 & 1 & | & 6 \end{pmatrix} \xrightarrow{②+①\times(-1)} \begin{pmatrix} 1 & 1 & | & 5 \\ 0 & 0 & | & 1 \end{pmatrix}$$

となる．つまり

$$\begin{cases} x+y=5 \\ 0=1 \end{cases}$$

となって解はない．

　以上の例を念頭において，もう少し複雑な未知数が3つの場合について考えてみよう．

**例題 2.24**　連立1次方程式 $\begin{cases} x+3y-z=4 \\ 2x-y+5z=1 \\ 3x+2y+4z=5 \end{cases}$ を解け．

**解答**　拡大係数行列に掃き出し法を適用すれば

$$\left(\begin{array}{ccc|c} 1 & 3 & -1 & 4 \\ 2 & -1 & 5 & 1 \\ 3 & 2 & 4 & 5 \end{array}\right) \xrightarrow{②+①\times(-2), ③+①\times(-3)} \left(\begin{array}{ccc|c} 1 & 3 & -1 & 4 \\ 0 & -7 & 7 & -7 \\ 0 & -7 & 7 & -7 \end{array}\right)$$

$$\xrightarrow{③+②\times(-1)} \left(\begin{array}{ccc|c} 1 & 3 & -1 & 4 \\ 0 & -7 & 7 & -7 \\ 0 & 0 & 0 & 0 \end{array}\right) \xrightarrow{②\times(-\frac{1}{7})} \left(\begin{array}{ccc|c} 1 & 3 & -1 & 4 \\ 0 & 1 & -1 & 1 \\ 0 & 0 & 0 & 0 \end{array}\right)$$

$$\xrightarrow{①+②\times(-3)} \left(\begin{array}{ccc|c} 1 & 0 & 2 & 1 \\ 0 & 1 & -1 & 1 \\ 0 & 0 & 0 & 0 \end{array}\right)$$

と変形できる．これを連立1次方程式に戻すと

$$\begin{cases} x+2z=1 \\ y-z=1 \end{cases}$$

である．未知数3つに対して独立な式の数は2つであるので，$x, y, z$ は一意には決まらない．そこで，$z=t$ ($t$ は任意の実数) とおいて，

$$\begin{cases} x=-2t+1 \\ y=\phantom{-}t+1 \\ z=\phantom{-}t \end{cases}$$

が求める解である．

実際，上で求めた解をもとの方程式に代入して，解となっていることを確かめてみよう．

$$\begin{cases} x+3y-z=4 \\ 2x-y+5z=1 \\ 3x+2y+4z=5 \end{cases}$$

に解を代入すれば

$$\begin{cases} (-2t+1)+3(t+1)-t=4 \\ 2(-2t+1)-(t+1)+5t=1 \\ 3(-2t+1)+2(t+1)+4t=5 \end{cases}$$

となって，確かに方程式の解となっていることがわかる．

**問 2.20** 次の連立 1 次方程式を解け．

(1) $\begin{cases} x+y-z=1 \\ 2x+3y+4z=6 \\ 3x+4y+3z=7 \end{cases}$ (2) $\begin{cases} 2x+y+3z=5 \\ 3x+2y-z=3 \\ 5x+3y+2z=8 \end{cases}$

**例題 2.25** 次の連立 1 次方程式を解け．

$$\begin{cases} x+3y+z=15 \\ 2x-y+2z=23 \\ 3x+2y+3z=39 \end{cases}$$

**解答** 拡大係数行列に対して行基本変形を行って解く．

$\begin{pmatrix} 1 & 3 & 1 & | & 15 \\ 2 & -1 & 2 & | & 23 \\ 3 & 2 & 3 & | & 39 \end{pmatrix} \xrightarrow{②+①\times(-2),③+①\times(-3)} \begin{pmatrix} 1 & 3 & 1 & | & 15 \\ 0 & -7 & 0 & | & -7 \\ 0 & -7 & 0 & | & -6 \end{pmatrix}$

$\xrightarrow{③+②\times(-1)} \begin{pmatrix} 1 & 3 & 1 & | & 15 \\ 0 & -7 & 0 & | & -7 \\ 0 & 0 & 0 & | & 1 \end{pmatrix}$

方程式に戻すと $\begin{cases} x+3y+z=15 \\ \phantom{xx}-7y\phantom{+zz}=-7 \\ \phantom{xxxxxxx}0=1 \end{cases}$ となるので，この方程式の解はない．∎

例題 2.25 では，係数行列を $A$，拡大係数行列を $B$ とすると，rank $A=2$ だが，rank $B=3$ であることに注意しよう．このように，rank $A <$ rank $B$ のとき，連立 1 次方程式は解をもたないことがわかる．

これまで例題を通して連立 1 次方程式の解法について学んできたが，解の存在条件は拡大係数行列の階数を考えると，次のようにまとめられる．

---
**定理 2.3**

$n$ 個の未知数に対する連立 1 次方程式の係数行列を $A$，拡大係数行列を $B$ としたとき，

(1) rank $A <$ rank $B$ ならば，解なし．

(2) rank $A =$ rank $B$ ならば，解がある．

特に，rank $A =$ rank $B = n$ のとき，方程式はただ 1 つの解をもち，そうでないときは，無限個の解をもつ．

---

詳しい説明は巻末の付録を参照して欲しい．

◇ 同次連立 1 次方程式

連立 1 次方程式の右辺がすべて 0 のとき，その連立 1 次方程式を**同次連立 1 次方程式**という．このとき，すべての未知数が 0 となる解 (**零解**) は常に存在するが，それ以外にも解が存在する場合がある．

**例題 2.26** 同次連立 1 次方程式 $\begin{cases} x+2y-5z=0 \\ 2x-\phantom{x}y+\phantom{x}z=0 \\ 3x+\phantom{x}y-4z=0 \end{cases}$ を解け．

**解答**　この拡大係数行列は

$$\begin{pmatrix} 1 & 2 & -5 & \bigm| & 0 \\ 2 & -1 & 1 & \bigm| & 0 \\ 3 & 1 & -4 & \bigm| & 0 \end{pmatrix}$$

となり，最後の列の数字は全部 0 である．同次連立 1 次方程式のときは，行基本変形で最後の列は変わらないので，係数行列

$$\begin{pmatrix} 1 & 2 & -5 \\ 2 & -1 & 1 \\ 3 & 1 & -4 \end{pmatrix}$$

だけを用いて解けばよい．

$$\begin{pmatrix} 1 & 2 & -5 \\ 2 & -1 & 1 \\ 3 & 1 & -4 \end{pmatrix} \xrightarrow{②+①\times(-2),③+①\times(-3)} \begin{pmatrix} 1 & 2 & -5 \\ 0 & -5 & 11 \\ 0 & -5 & 11 \end{pmatrix} \xrightarrow{③+②\times(-1)}$$

$$\begin{pmatrix} 1 & 2 & -5 \\ 0 & -5 & 11 \\ 0 & 0 & 0 \end{pmatrix} \xrightarrow{②\times(-\frac{1}{5})} \begin{pmatrix} 1 & 2 & -5 \\ 0 & 1 & -\frac{11}{5} \\ 0 & 0 & 0 \end{pmatrix} \xrightarrow{①+②\times(-2)} \begin{pmatrix} 1 & 0 & -\frac{3}{5} \\ 0 & 1 & -\frac{11}{5} \\ 0 & 0 & 0 \end{pmatrix}$$

これから，$t$ を任意の実数として

$$\begin{cases} x = \dfrac{3}{5}t \\ y = \dfrac{11}{5}t \\ z = t \end{cases}$$

が求める解である．

**問 2.21**　同次連立 1 次方程式 $\begin{cases} x+3y+2z=0 \\ 3x+4y-z=0 \\ 2x+y-3z=0 \end{cases}$ を解け．

### 節末問題

**20.** 次の連立1次方程式を解け．

(1) $\begin{cases} 3x+\ y+\ 5z = -1 \\ 2x+\ y+\ 6z =\ \ 0 \\ 3x+2y+13z =\ \ 1 \end{cases}$  (2) $\begin{cases} 3x+\ y+\ 5z = -1 \\ 2x+\ y+\ 6z =\ \ 0 \\ 5x+2y+11z =\ \ 3 \end{cases}$

(3) $\begin{cases} 2x+\ y-3z = -2 \\ -3x+2y-\ z =\ \ 2 \\ -x+3y-4z =\ \ 0 \end{cases}$

◆問と節末問題の解答

問 **2.20** (1) $\begin{cases} x = -3+7t \\ y =\ \ 4-6t \\ z =\ \ \ \ \ \ \ t \end{cases}$ (2) $\begin{cases} x =\ \ 7-\ 7t \\ y = -9+11t \\ z =\ \ \ \ \ \ \ \ t \end{cases}$

問 **2.21** $x = \dfrac{11}{5}t,\ y = -\dfrac{7}{5}t,\ z = t$ （$t$ は任意の実数）

**20.** (1) $x = t-1,\ y = -8t+2,\ z = t$ （$t$ は任意の実数） (2) 解なし
(3) $x = \dfrac{5}{7}t - \dfrac{6}{7},\ y = \dfrac{11}{7}t - \dfrac{2}{7},\ z = t$ （$t$ は任意の実数）

# 3

# 行 列 式

　この章では，「行列式」という新しい概念とその応用について学ぶ．「行列式」を用いると，連立1次方程式の解がただ1つ決まる場合に解を書き下すことができる．「行列式」の重要性はこの章を読み進めていくうちに段々と理解できることと思う．行列と行列式とは名前が似ているが，全く別物であるので，混同しないように注意しよう．

## 3.1 行列式の定義

◇ **2次正方行列の行列式**

2次正方行列

$$A = \begin{pmatrix} a_{11} & a_{12} \\ a_{21} & a_{22} \end{pmatrix}$$

について，

$$a_{11}a_{22} - a_{12}a_{21}$$

という量を考えよう．第2章2.4節で学んだように，行列 $A$ の逆行列が存在するかどうかは，この量が0かどうかで判定することができ，0でないときには $A$ の逆行列 $A^{-1}$ は

$$A^{-1} = \frac{1}{a_{11}a_{22} - a_{12}a_{21}} \begin{pmatrix} a_{22} & -a_{12} \\ -a_{21} & a_{11} \end{pmatrix}$$

によって計算することができた．$a_{11}a_{22} - a_{12}a_{21}$ という量は $A$ の**行列式**とよばれるもので，$|A|$ (または $\det A$) と書く．このように，行列式とは行列に対応して決まる1つの数である．$|\ |$ という記号は絶対値と同じであるが，中身が行列のときは行列式という別の量なので注意しよう．絶対値と異なり，行列式の値は正または0だけでなく，負にもなる．

行列式は，第4章で学ぶように固有値の計算に用いられたり，平行四辺形の符号付の面積であったりと，いろいろなところに出てくる重要な量である．

さて，一般の行列式の定義に入る前に，もう一度2次正方行列 $A$ の場合を見てみよう．

$$\begin{vmatrix} a_{11} & a_{12} \\ a_{21} & a_{22} \end{vmatrix} = a_{11}a_{22} - a_{12}a_{21}$$

ここで，成分 $a_{ij}$ の添字 $ij$ の左側がいつも $a_{1\bigcirc}a_{2\bigcirc}$ のように小さい順になるように並べるものとする．右辺の最初の項の符号は正で，2番目の項の符号は負となっている．この符号は次のようなルールで決まっている．添字の右側の

数の並びを比べてみると，最初の項は

$$a_{11} \; a_{22}$$
$$\uparrow \quad \uparrow$$

のように 12 となっているが，2 番目の項では

$$a_{12} \; a_{21}$$
$$\uparrow \quad \uparrow$$

のように 21 となっており，1 と 2 の順番が逆になっていることがわかる．このように，12 の順番が入れ替わっている場合に項の符号が負になるという規則がある．

◇ 偶順列と奇順列

では，3 次正方行列やもっと大きな行列の場合はどのようになるのだろうか．3 次正方行列の場合には，列の数は 3 つであるから，今度は 1, 2, 3 という 3 つの数の順番を考えることになる．1, 2, 3 という 3 つの数を (1 2 3) のように並べたものを**順列**という．(2 3 1), (1 3 2) なども順列である．さて，ある順列の中の 2 つの数を繰り返し交換して (1 2 3) のように小さい順に並べよう．このとき，偶数回の交換によって小さい順に並ぶものを**偶順列**，奇数回の交換によって小さい順に並ぶものを**奇順列**という．

**例題 3.1** (2 1 3), (3 1 2) は偶順列か，奇順列か判定せよ．

**解答** (2 1 3) は 2 と 1 を 1 回入れ替えれば (1 2 3) となるから，奇順列である．

$$(2 \; 1 \; 3) \to (1 \; 2 \; 3)$$
入れ替え

また，(3 1 2) は 3 と 1 を入れ替え，さらに 3 と 2 を入れ替えれば (1 2 3) となるから，偶順列である．

$$(3 \; 1 \; 2) \to (1 \; 3 \; 2) \to (1 \; 2 \; 3)$$
入れ替え　　入れ替え

交換のやり方はいろいろ考えられるが，偶順列はどのようなやり方をしても偶数回の入れ替えで小さい順に並び，奇順列は奇数回の入れ替えで小さい順に並

ぶことが証明されている．たとえば，(3 1 2) は先に 1 と 2 を入れ替えてから，次に 3 と 1 を入れ替えてもよいが，この場合も交換の回数は偶数である．

$$(3\ 1\ 2) \rightarrow (3\ 2\ 1) \rightarrow (1\ 2\ 3)$$
　　　　入れ替え　　入れ替え

**問 3.1** 次の順列は偶順列か，奇順列か判定せよ．
(1) (2 1)　　(2) (1 2 3)　　(3) (2 3 1)　　(4) (3 2 1)

◇ **3 次正方行列の行列式**

さて，以上の準備を踏まえて，いよいよ 3 次正方行列の行列式を定義しよう．2 次正方行列のときと同様に，偶順列のときは正の符号をつけ，奇順列のときは負の符号をつけるとすると，正になるのは (1 2 3), (2 3 1), (3 1 2) の 3 つで，負になるのは (3 2 1), (2 1 3), (1 3 2) の 3 つである．3 つの数の順列の個数は $3! = 3 \times 2 \times 1 = 6$ であるので，これで全部である．したがって，

$$\begin{vmatrix} a_{11} & a_{12} & a_{13} \\ a_{21} & a_{22} & a_{23} \\ a_{31} & a_{32} & a_{33} \end{vmatrix} = a_{11}a_{22}a_{33} + a_{12}a_{23}a_{31} + a_{13}a_{21}a_{32}$$

$$- a_{13}a_{22}a_{31} - a_{12}a_{21}a_{33} - a_{11}a_{23}a_{32}$$

となる．これが 3 次正方行列の行列式である．上式は複雑だが，これを覚える便利な方法があり，次のような図を書けば，符号を含めてすべて書き出すことができる．

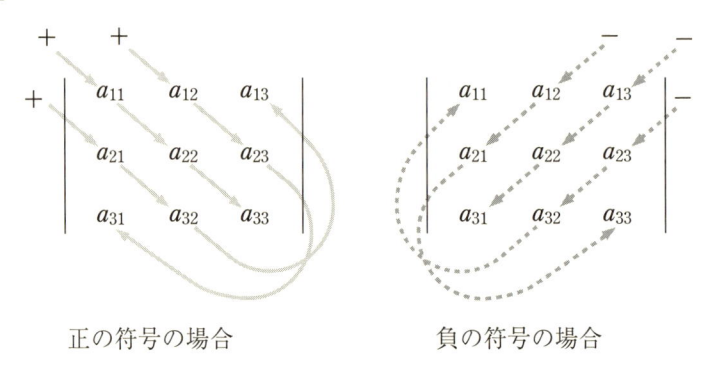

正の符号の場合　　　　負の符号の場合

ただし，このたすきがけの方法は 2 次または 3 次正方行列の行列式だけに適用できることに注意しよう．4 次以上の行列式にはこのような簡単なたすきがけのルールはなく，行列式の定義から計算するのはたいへんなので，行列式の性質をうまく利用した計算方法を次節で説明する．

**問 3.2** 次の行列式の値を計算せよ．

(1) $\begin{vmatrix} 1 & 0 \\ 0 & 1 \end{vmatrix}$
(2) $\begin{vmatrix} 1 & 2 \\ 3 & 4 \end{vmatrix}$
(3) $\begin{vmatrix} r\cos\theta & r\sin\theta \\ -r\sin\theta & r\cos\theta \end{vmatrix}$
(4) $\begin{vmatrix} 1 & 2 & 4 \\ 2 & 1 & -2 \\ 3 & 5 & 3 \end{vmatrix}$

(5) $\begin{vmatrix} a & c & b \\ b & a & c \\ c & b & a \end{vmatrix}$
(6) $\begin{vmatrix} 1 & 2 & 3 \\ 0 & 4 & 5 \\ 0 & 0 & 6 \end{vmatrix}$
(7) $\begin{vmatrix} 1 & 4 & -2 \\ 5 & 0 & 2 \\ 6 & 7 & 3 \end{vmatrix}$

◇ 行列式のまとめ

まとめると，2 次の正方行列の行列式は

$$\begin{vmatrix} a_{11} & a_{12} \\ a_{21} & a_{22} \end{vmatrix} = a_{11}a_{22} - a_{12}a_{21}$$

3 次の正方行列の行列式は

$$\begin{vmatrix} a_{11} & a_{12} & a_{13} \\ a_{21} & a_{22} & a_{23} \\ a_{31} & a_{32} & a_{33} \end{vmatrix} = a_{11}a_{22}a_{33} + a_{12}a_{23}a_{31} + a_{13}a_{21}a_{32} \\ - a_{13}a_{22}a_{31} - a_{12}a_{21}a_{33} - a_{11}a_{23}a_{32}$$

となる．

特に，次のような特別な形のときは簡単に計算することができる．

$$\begin{vmatrix} a & b & c \\ 0 & d & e \\ 0 & f & g \end{vmatrix} = a \times \begin{vmatrix} d & e \\ f & g \end{vmatrix}$$

これは後でよく使うので覚えておこう．

同様にして，35 ページの $n$ 次の正方行列 $A$ の行列式は

---
**定義**

$$|A| = \sum_{(i_1 i_2 \cdots i_n)} \mathrm{sgn}(i_1\, i_2\, \cdots\, i_n)\, a_{1i_1} a_{2i_2} \cdots a_{ni_n}$$

---

と定義される．ここで，$(i_1\, i_2\, \cdots\, i_n)$ は $(1\, 2\, \cdots\, n)$ の順列を表し，$\mathrm{sgn}(i_1\, i_2\, \cdots\, i_n)$ は順列 $(i_1\, i_2\, \cdots\, i_n)$ が偶順列のときは $+1$，奇順列のときは $-1$ という値をとる．

## 節末問題

**1.** 次の順列は偶順列か奇順列のどちらか．
(1) $(2\ 1)$   (2) $(1\ 3\ 2)$   (3) $(1\ 4\ 2\ 3)$   (4) $(4\ 3\ 1\ 2)$

**2.** 次の行列式の値を求めよ．

(1) $\begin{vmatrix} i & 1 \\ -2 & 1+i \end{vmatrix}$   (2) $\begin{vmatrix} 98 & 99 \\ 100 & 100 \end{vmatrix}$   (3) $\begin{vmatrix} 1 & 1 & 0 \\ 0 & 1 & 1 \\ 0 & 0 & 1 \end{vmatrix}$

(4) $\begin{vmatrix} a & a & a \\ b & b & b \\ c & c & c \end{vmatrix}$   (5) $\begin{vmatrix} 2 & 4 & 8 \\ 2 & 7 & 6 \\ 4 & 5 & 8 \end{vmatrix}$

**3.** 行列式の定義からすると，4 次の正方行列の行列式のうちの $a_{12}a_{24}a_{31}a_{43}$ の符号は正か負か．

◆問と節末問題の解答

**問 3.1** (1) 奇順列   (2) 偶順列   (3) 偶順列   (4) 奇順列
**問 3.2** (1) 1   (2) $-2$   (3) $r^2$   (4) 17   (5) $a^3+b^3+c^3-3abc$
(6) 24   (7) $-96$
**1.** (1) 奇順列   (2) 奇順列   (3) 偶順列   (4) 奇順列
**2.** (1) $1+i$   (2) $-100$   (3) 1   (4) 0   (5) $-60$
**3.** 奇順列なので負

## 3.2 行列式の性質

◇ 行列式の性質

行列式は逆行列の公式や連立 1 次方程式の解を求めたりなど，いろいろな問題に応用することができる．そこで，あらかじめ行列式の基本的な性質を理解しておこう．以下では，理解しやすいように，主として 2 次の正方行列について具体的に説明するが，ここに挙げられた性質は一般の正方行列に対しても成り立つものである．

---
**性質 [1]**

$|A| = |{}^t\!A|$，すなわち，行列式の行と列を入れ替えてもその値は変わらない．

---

$A = \begin{pmatrix} a & b \\ c & d \end{pmatrix}$ に対して，${}^t\!A = \begin{pmatrix} a & c \\ b & d \end{pmatrix}$ である．それぞれの行列の行列式の値はともに $ad - bc$ となり，等しい．

この性質 [1] から，行列式の行について成り立つ性質は列に対しても成り立つことがわかる．

---
**性質 [2]**

行列式の 1 つの行 (または列) の各成分が 2 つの数の和になっているとき，その行列式の値は，その行 (または列) の成分を 2 組にわけてできる 2 つの行列式の和に等しい．

---

文章ではわかりにくいが，2 次の正方行列の場合に式で書いてみると，すぐに意味がわかるだろう．

$$\begin{vmatrix} a+e & b \\ c+f & d \end{vmatrix} = \begin{vmatrix} a & b \\ c & d \end{vmatrix} + \begin{vmatrix} e & b \\ f & d \end{vmatrix}$$

左辺を計算してみると，$(a+e)d - b(c+f) = (ad-bc) + (ed-bf)$ となり，右辺に等しいことがわかる．

― 性質 [3] ―

行列式の 2 つの行 (または列) を交換すると,行列式の値は $-1$ 倍される.

$$\begin{vmatrix} a & b \\ c & d \end{vmatrix} = ad - bc = -(bc - ad) = -\begin{vmatrix} b & a \\ d & c \end{vmatrix}$$

となり,確かに成り立っていることがわかる.

― 性質 [4] ―

行列式の 1 つの行 (または列) を $k$ 倍すると,行列式の値はもとの行列式の値の $k$ 倍になる.ただし,$k$ は実数とする.

$$\begin{vmatrix} ka & b \\ kc & d \end{vmatrix} = (ka)d - (bk)c = k(ad - bc) = k\begin{vmatrix} a & b \\ c & d \end{vmatrix}$$

ここで,1 つの行または列だけが $k$ 倍となっているときに,行列式の値が $k$ 倍となることに注意しよう.行列全体が $k$ 倍されているときは,このようにはならない.たとえば,すべての成分が $k$ 倍になっていると,2 次の正方行列の行列式の値は $k^2$ 倍になる.

$$\begin{vmatrix} ka & kb \\ kc & kd \end{vmatrix} = (ka)(kd) - (kb)(kc) = k^2(ad - bc) = k^2\begin{vmatrix} a & b \\ c & d \end{vmatrix}$$

― 性質 [5] ―

次の性質をもつ行列式の値はすべて 0 になる.
(1) 1 つの行 (または列) のすべての成分が 0 のとき
(2) 2 つの行 (または列) が等しいとき
(3) 2 つの行 (または列) について,一方が他方の実数倍になっているとき

(1) については,行列式の定義から明らかだろう.

(2) については,たとえば $\begin{vmatrix} a & a \\ c & c \end{vmatrix} = 0$ となり,確かに成り立っていること

がわかる.

(3) については，(2) と性質 [4] を用いると以下のように簡単に示すことができる.

1 列目が 2 列目の $k$ 倍になっているとすると,
$$\begin{vmatrix} ka & a \\ kc & c \end{vmatrix} = k \begin{vmatrix} a & a \\ c & c \end{vmatrix} = 0$$

---
**性質 [6]**

行列式の 1 つの行または列に他の行または列の何倍かを加えても行列式の値は変わらない.

---

$$\begin{vmatrix} a+kb & b \\ c+kd & d \end{vmatrix} = \begin{vmatrix} a & b \\ c & d \end{vmatrix}$$

が成り立つことを示せばよい. 左辺は行列式の性質 [2] を用いると
$$\begin{vmatrix} a+kb & b \\ c+kd & d \end{vmatrix} = \begin{vmatrix} a & b \\ c & d \end{vmatrix} + \begin{vmatrix} kb & b \\ kd & d \end{vmatrix}$$
となるが，右辺第 2 項は第 1 列が第 2 列に比例しているから，性質 [5] の (3) より 0 となる. したがって，性質 [6] が成り立つことが示される.

---
**性質 [7]**

同じ次数の正方行列 $A, B$ について, $|AB| = |A||B|$ が成り立つ.

---

2 次の正方行列 $A = \begin{pmatrix} a & b \\ c & d \end{pmatrix}$, $B = \begin{pmatrix} e & f \\ g & h \end{pmatrix}$ について $|AB| = |A||B|$ を示そう.
$$AB = \begin{pmatrix} ae+bg & af+bh \\ ce+dg & cf+dh \end{pmatrix}$$
であるから，
$$|AB| = (ae+bg)(cf+dh) - (af+bh)(ce+dg) = aedh + bgcf - afdg - bhce$$
となる. 一方,
$$|A||B| = (ad-bc)(eh-fg) = adeh + bcfg - adfg - bceh$$
であるから，$|AB| = |A||B|$ となることが示された.

性質 [7] より，$|E|=1$ がわかる．また，正方行列 $A$ が正則であるとき，すなわち $A^{-1}$ が存在するとき，$|A^{-1}|=\dfrac{1}{|A|}$ となることがわかる．なぜなら，$AA^{-1}=A^{-1}A=E$ であるから，両辺の行列の行列式を考えれば，性質 [7] より $|A||A^{-1}|=|A^{-1}||A|=|E|=1$ となるからである．これから，正則行列 $A$ の行列式 $|A|$ は 0 ではないことがわかる．逆に，3.4 節で示されるように，$|A|$ が 0 でなければ逆行列が存在することがいえる．つまり，

---
**定理 3.1**

$$\text{正方行列 } A \text{ が正則} \iff |A| \neq 0$$

---

である．

**例題 3.2** 行列式の性質を利用して，次の行列式の値を求めよ．

(1) $\begin{vmatrix} 1 & 3 & -2 \\ 2 & 4 & 2 \\ 3 & 5 & 2 \end{vmatrix}$ 　(2) $\begin{vmatrix} 1 & 2 & 3 \\ 3 & 6 & 9 \\ 3 & 5 & 7 \end{vmatrix}$ 　(3) $\left| \begin{pmatrix} 1 & -1 & 2 \\ 0 & 4 & 9 \\ 0 & 0 & 3 \end{pmatrix}^{-1} \right|$

**解答** (1) $\begin{vmatrix} 1 & 3 & -2 \\ 2 & 4 & 2 \\ 3 & 5 & 2 \end{vmatrix} = 2\begin{vmatrix} 1 & 3 & -2 \\ 1 & 2 & 1 \\ 3 & 5 & 2 \end{vmatrix} \stackrel{②-①,③-①\times 3}{=} 2\begin{vmatrix} 1 & 3 & -2 \\ 0 & -1 & 3 \\ 0 & -4 & 8 \end{vmatrix}$

$= 2\begin{vmatrix} -1 & 3 \\ -4 & 8 \end{vmatrix} = 8$

(2) $\begin{vmatrix} 1 & 2 & 3 \\ 3 & 6 & 9 \\ 3 & 5 & 7 \end{vmatrix} = 3\begin{vmatrix} 1 & 2 & 3 \\ 1 & 2 & 3 \\ 3 & 5 & 7 \end{vmatrix} = 0$

(3) $\left| \begin{pmatrix} 1 & -1 & 2 \\ 0 & 4 & 9 \\ 0 & 0 & 3 \end{pmatrix}^{-1} \right| = \dfrac{1}{\begin{vmatrix} 1 & -1 & 2 \\ 0 & 4 & 9 \\ 0 & 0 & 3 \end{vmatrix}} = \dfrac{1}{12}$

**問 3.3** 以下の行列式の値を行列式の性質を利用して求めよ．

(1) $\begin{vmatrix} 1 & -1 & 0 \\ 3 & 6 & 9 \\ -2 & -4 & -6 \end{vmatrix}$ 　(2) $\begin{vmatrix} -1 & 2 & 2 \\ 2 & 6 & -4 \\ 3 & 5 & -12 \end{vmatrix}$ 　(3) $\left| \begin{pmatrix} 1 & 0 & 0 \\ 4 & 2 & 0 \\ 5 & 6 & 3 \end{pmatrix}^{-1} \right|$

**例題 3.3** 行列式の性質を利用して，次のような成分が文字式の行列式 $\begin{vmatrix} a & c & b \\ a & b & b \\ a & b & c \end{vmatrix}$ を因数分解せよ。

**解答** $\begin{vmatrix} a & c & b \\ a & b & b \\ a & b & c \end{vmatrix} = a \begin{vmatrix} 1 & c & b \\ 1 & b & b \\ 1 & b & c \end{vmatrix} \stackrel{②-①,③-①}{=} a \begin{vmatrix} 1 & c & b \\ 0 & b-c & 0 \\ 0 & b-c & c-b \end{vmatrix}$

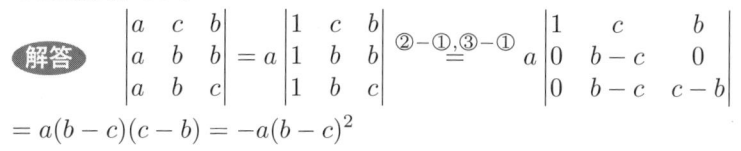

$= a(b-c)(c-b) = -a(b-c)^2$

**問 3.4** 行列式 $\begin{vmatrix} a & a & a \\ a & b & b \\ a & b & c \end{vmatrix}$ を行列式の性質を利用して因数分解せよ。

### 節末問題

**4.** 次の行列式の値を求めよ．

(1) $\begin{vmatrix} 1 & -1 & 4 \\ -2 & 1 & -1 \\ 0 & 3 & 5 \end{vmatrix}$　(2) $\begin{vmatrix} -1 & -1 & -4 \\ 2 & 1 & -1 \\ 3 & 0 & 5 \end{vmatrix}$　(3) $\begin{vmatrix} 4 & 1 & 0 \\ 8 & 2 & 9 \\ -12 & -4 & 3 \end{vmatrix}$

(4) $\begin{vmatrix} 1 & 2 & -2 \\ -4 & 3 & 5 \\ 1 & 2 & -2 \end{vmatrix}$　(5) $\begin{vmatrix} 0 & 1 & -2 \\ 7 & -1 & 2 \\ 9 & -4 & 8 \end{vmatrix}$

**5.** 次の行列式を因数分解せよ．

(1) $\begin{vmatrix} 1 & 1 & 1 \\ a & b & b \\ a & 2 & c \end{vmatrix}$　(2) $\begin{vmatrix} a & a & a^2 \\ a & b & b^2 \\ a & c & c^2 \end{vmatrix}$　(3) $\begin{vmatrix} 1 & a & a^3 \\ 1 & b & b^3 \\ 1 & c & c^3 \end{vmatrix}$

**6.** 3次の正方行列について $|A| = |{}^t A|$ を示せ．

**7.** 次の行列 $A, B$ について，$|AB|$ を求めよ．

$A = \begin{pmatrix} 1 & 9 & 7 \\ 0 & -1 & 11 \\ 0 & 0 & 2 \end{pmatrix} \quad B = \begin{pmatrix} 2 & 1 & -4 \\ -1 & 1 & 0 \\ 5 & 0 & 0 \end{pmatrix}$

**8.** 次の行列 $A$ について，$|A^{-1}|$ を求めよ．

(1) $A = \begin{pmatrix} 2 & 1 & -4 \\ 0 & -1 & 1 \\ 0 & 0 & 5 \end{pmatrix}$    (2) $A = \begin{pmatrix} 1 & 2 & 1 \\ 2 & 1 & -2 \\ 3 & 5 & 1 \end{pmatrix}$

◆問と節末問題の解答

**問 3.3**  (1) 0    (2) 60    (3) $\dfrac{1}{6}$

**問 3.4**  $a(a-b)(b-c)$

**4.**  (1) $-26$    (2) 20    (3) 36    (4) 0    (5) 0

**5.**  (1) $(a-b)(2-c)$    (2) $a(a-b)(b-c)(c-a)$

(3) $(a-b)(b-c)(c-a)(a+b+c)$

**6.**  省略

**7.**  $|AB| = |A||B| = -2 \times 20 = -40$

**8.**  (1) $|A^{-1}| = \dfrac{1}{|A|} = -\dfrac{1}{10}$    (2) $|A^{-1}| = \dfrac{1}{|A|} = \dfrac{1}{2}$

## 3.3 行列式の余因子展開

◇ 余因子とは何か

この節で説明する余因子とよばれる数を用いると，ある行列の行列式をもとの行列より小さな行列の行列式で表すことができる．それにより，4次やもっと大きな正方行列の行列式も求めることができる．また，余因子を用いることにより，逆行列を求めたり，連立1次方程式の解を求めたりすることができる．このように余因子は便利な数である．

一般に，ある正方行列 $A$ から第 $i$ 行と第 $j$ 列を除いた行列の行列式に $(-1)^{i+j}$ を掛けたものを $A$ の $(i,j)$ 余因子といい，$A_{ij}$ と書く．

◇ 2 次正方行列の余因子

たとえば，2次の正方行列

$$A = \begin{pmatrix} a & b \\ c & d \end{pmatrix}$$

の $(1,1)$ 余因子を求めよう．第1行と第1列を取り除いた行列の行列式は

$$\begin{vmatrix} a & b \\ c & d \end{vmatrix} \xrightarrow{\text{取り除く}} |d| = d$$

となるから，これに $(-1)^{1+1} = 1$ を掛けると $d$ となることがわかる．つまり，

$$A_{11} = d$$

である．ここで，$|d|$ は1行1列の行列式という意味であり，絶対値ではないので，$d$ が負のときに $|d| = -d$ とはならないことに注意しよう．たとえば，$d = -2$ のとき，$|d| = |-2| = -2$ である．

同様に，$(1,2)$ 余因子は第1行と第2列を取り除いた行列の行列式に $(-1)^{1+2} = -1$ を掛けたものであるから，

$$A_{12} = (-1)^{1+2}|c| = -c$$

となる．

**問 3.5** 行列 $A = \begin{pmatrix} 1 & -1 \\ 3 & -6 \end{pmatrix}$ について，余因子 $A_{11}, A_{12}, A_{21}, A_{22}$ をそれぞれ求めよ．

◇ **3 次正方行列の余因子**

次に，3 次の正方行列について余因子を求めてみよう．

$$A = \begin{pmatrix} a_{11} & a_{12} & a_{13} \\ a_{21} & a_{22} & a_{23} \\ a_{31} & a_{32} & a_{33} \end{pmatrix}$$

$A$ の $(1,1)$ 余因子 $A_{11}$ は第 1 行と第 1 列を取り除いた行列 $\begin{pmatrix} a_{22} & a_{23} \\ a_{32} & a_{33} \end{pmatrix}$ の行列式に $(-1)^{1+1} = 1$ を掛けたものであるから，

$$A_{11} = (-1)^{1+1} \begin{vmatrix} a_{22} & a_{23} \\ a_{32} & a_{33} \end{vmatrix} = a_{22}a_{33} - a_{23}a_{32}$$

となる．また，同様に $(3,2)$ 余因子 $A_{32}$ は第 3 行と第 2 列を取り除いた行列の行列式に $(-1)^{3+2} = -1$ を掛けたものであるから，

$$A_{32} = -\begin{vmatrix} a_{11} & a_{13} \\ a_{21} & a_{23} \end{vmatrix} = -(a_{11}a_{23} - a_{13}a_{21})$$

となる．このようにして，3 次の正方行列についても，2 次の場合と同様に余因子を求めることができる．

**問 3.6** 行列 $A = \begin{pmatrix} 1 & -1 & 1 \\ 2 & 3 & 1 \\ 3 & 2 & 2 \end{pmatrix}$ について，余因子 $A_{11}, A_{32}, A_{21}$ をそれぞれ求めよ．

◇ **4 次以上の正方行列の余因子**

以下に示すように，4 次以上の正方行列についても同様にして余因子を求めることができる．

**例題 3.4** $A = \begin{pmatrix} 2 & 1 & 1 & 1 \\ 2 & 3 & 1 & 5 \\ 4 & 2 & -2 & 0 \\ 6 & 3 & 0 & 3 \end{pmatrix}$ について，$(4,3)$ 余因子 $A_{43}$ を求めよ．

**解答** $A_{43} = (-1)^{4+3} \begin{vmatrix} 2 & 1 & 1 \\ 2 & 3 & 5 \\ 4 & 2 & 0 \end{vmatrix} = -2 \begin{vmatrix} 2 & 1 & 1 \\ 2 & 3 & 5 \\ 2 & 1 & 0 \end{vmatrix} \underset{=}{②-①, ③-①}$

$-2 \begin{vmatrix} 2 & 1 & 1 \\ 0 & 2 & 4 \\ 0 & 0 & -1 \end{vmatrix} = -2 \times 2 \times 2 \times (-1) = 8$

となる．

**問 3.7** 上の例題の行列 $A$ について，$(2,1)$ 余因子 $A_{21}$ を求めよ．

**問 3.8** 行列 $A = \begin{pmatrix} 5 & -2 & 0 & 1 \\ 2 & 3 & -2 & 1 \\ 6 & 0 & 1 & 0 \\ -2 & -1 & 5 & 3 \end{pmatrix}$ について，余因子 $A_{14}, A_{23}, A_{44}$

をそれぞれ求めよ．

まとめると，$n$ 次の正方行列 $A$ に対して $(i,j)$ 余因子 $A_{ij}$ は

$$A_{ij} = (-1)^{i+j} \begin{vmatrix} a_{11} & \cdots & a_{1\,j-1} & a_{1j} & a_{1\,j+1} & \cdots & a_{1n} \\ \vdots & & \vdots & \vdots & \vdots & & \vdots \\ a_{i-1\,1} & \cdots & a_{i-1\,j-1} & a_{i-1\,j} & a_{i-1\,j+1} & \cdots & a_{i-1\,n} \\ a_{i1} & \cdots & a_{i\,j-1} & a_{ij} & a_{i\,j+1} & \cdots & a_{in} \\ a_{i+1\,1} & \cdots & a_{i+1\,j-1} & a_{i+1\,j} & a_{i+1\,j+1} & \cdots & a_{i+1\,n} \\ \vdots & & \vdots & \vdots & \vdots & & \vdots \\ a_{n1} & \cdots & a_{n\,j-1} & a_{nj} & a_{n\,j+1} & \cdots & a_{nn} \end{vmatrix}$$

（$j$ 列を取り除く，$i$ 行を取り除く）

となる．

◇ **行列式の余因子展開 (3次正方行列)**

3次の正方行列に対する行列式をもう一度見てみよう．

$$|A| = \begin{vmatrix} a_{11} & a_{12} & a_{13} \\ a_{21} & a_{22} & a_{23} \\ a_{31} & a_{32} & a_{33} \end{vmatrix} = a_{11}a_{22}a_{33} + a_{12}a_{23}a_{31} + a_{13}a_{21}a_{32}$$

$$- a_{13}a_{22}a_{31} - a_{12}a_{21}a_{33} - a_{11}a_{23}a_{32}$$

右辺は第1行の成分でまとめると，

$$|A| = a_{11}(a_{22}a_{33} - a_{23}a_{32}) - a_{12}(a_{21}a_{33} - a_{23}a_{31}) + a_{13}(a_{21}a_{32} - a_{22}a_{31})$$

$$= a_{11}\begin{vmatrix} a_{22} & a_{23} \\ a_{32} & a_{33} \end{vmatrix} - a_{12}\begin{vmatrix} a_{21} & a_{23} \\ a_{31} & a_{33} \end{vmatrix} + a_{13}\begin{vmatrix} a_{21} & a_{22} \\ a_{31} & a_{32} \end{vmatrix}$$

と表すこともできる．右辺の行の各成分 $a_{11}, a_{12}, a_{13}$ にかかる行列式に符号を含めると，それぞれの成分に対応する余因子になっている．すなわち，

$$|A| = a_{11}A_{11} + a_{12}A_{12} + a_{13}A_{13}$$

である．このように行列式は余因子を使って表すことができる．これを行列式の第1行についての**余因子展開**という．

同様に，第2行についての余因子展開は

$$|A| = a_{21}A_{21} + a_{22}A_{22} + a_{23}A_{23}$$

第3行についての余因子展開は

$$|A| = a_{31}A_{31} + a_{32}A_{32} + a_{33}A_{33}$$

となる．

行列式の余因子展開は列についても同様に行うことができる．たとえば，第1列についての余因子展開は

$$|A| = a_{11}A_{11} + a_{21}A_{21} + a_{31}A_{31}$$

となる．

以上をまとめると，次のように書ける．

―― 第 $i$ 行についての余因子展開 ――
$$|A| = a_{i1}A_{i1} + a_{i2}A_{i2} + a_{i3}A_{i3}$$

―― 第 $j$ 列についての余因子展開 ――
$$|A| = a_{1j}A_{1j} + a_{2j}A_{2j} + a_{3j}A_{3j}$$

**例題 3.5** $|A| = \begin{vmatrix} 4 & 3 & 2 \\ 3 & 2 & 1 \\ 2 & 1 & 4 \end{vmatrix}$ の値を余因子展開を用いて求めよ.

**解答** 余因子展開はどの行または列について行ってもよい．たとえば，第 1 列について余因子展開すると，

$$|A| = 4\begin{vmatrix} 2 & 1 \\ 1 & 4 \end{vmatrix} - 3\begin{vmatrix} 3 & 2 \\ 1 & 4 \end{vmatrix} + 2\begin{vmatrix} 3 & 2 \\ 2 & 1 \end{vmatrix} = -4$$

と求められる.

**問 3.9** 上の例題において，第 2 行について余因子展開することにより，$|A|$ を求め，例題の値と一致することを確かめよ．

**問 3.10** $\begin{vmatrix} x & 1 & 2 \\ y & 3 & 4 \\ z & 5 & 6 \end{vmatrix}$ を第 1 列について余因子展開せよ．

◇ **行列式の余因子展開 (4 次以上の正方行列)**

　行列式の余因子展開は，4 次以上の正方行列についても同様に行うことができる．余因子展開は，ある行列の行列式がそれよりひとまわり小さな行列式によって表せることをいっている．これを利用すれば，4 次以上の大きな行列の行列式も余因子展開を繰り返し使うことによって求められる．

**例題 3.6** $A = \begin{pmatrix} 1 & -1 & 0 & 0 \\ 2 & 3 & 2 & 2 \\ 0 & -1 & 1 & 0 \\ 0 & -1 & 0 & 1 \end{pmatrix}$ の行列式を余因子展開によって求めよ．

**解答** どの行あるいはどの列に対して余因子展開を行ってもよいが，成分に 0 が多い行あるいは列について展開すると計算が簡単である．たとえば，第 1 行について余因子展開をすると，

$$|A| = 1 \times \begin{vmatrix} 3 & 2 & 2 \\ -1 & 1 & 0 \\ -1 & 0 & 1 \end{vmatrix} - (-1) \times \begin{vmatrix} 2 & 2 & 2 \\ 0 & 1 & 0 \\ 0 & 0 & 1 \end{vmatrix} = 9$$

また，1.2 節で学んだ行列式の性質を使って

$$\begin{vmatrix} 1 & -1 & 0 & 0 \\ 2 & 3 & 2 & 2 \\ 0 & -1 & 1 & 0 \\ 0 & -1 & 0 & 1 \end{vmatrix} \underset{\text{②－①×2}}{=} \begin{vmatrix} 1 & -1 & 0 & 0 \\ 0 & 5 & 2 & 2 \\ 0 & -1 & 1 & 0 \\ 0 & -1 & 0 & 1 \end{vmatrix} = \begin{vmatrix} 5 & 2 & 2 \\ -1 & 1 & 0 \\ -1 & 0 & 1 \end{vmatrix} = 9$$

と計算することもできる．

**問 3.11** 上の例題で，第 1 列について余因子展開することにより，$|A|$ を求め，例題の結果と一致することを確かめよ．

### 節末問題

**9.** 行列 $A = \begin{pmatrix} 4 & 9 \\ -2 & 7 \end{pmatrix}$ に対して，余因子 $A_{11}, A_{12}, A_{21}, A_{22}$ をそれぞれ求めよ．

**10.** 行列 $A = \begin{pmatrix} 3 & -3 & 1 \\ 3 & 2 & 0 \\ -1 & -5 & 1 \end{pmatrix}$ に対して，余因子 $A_{11}, A_{13}, A_{32}$ をそれぞれ求めよ．

**11.** 行列式 $\begin{vmatrix} 1 & 4 & -7 \\ -2 & 0 & 5 \\ 3 & 1 & -8 \end{vmatrix}$ の値を第 2 行について余因子展開することにより求めよ．

**12.** 次の行列式の値を余因子展開を用いて求めよ．

(1) $\begin{vmatrix} 1 & 2 & 2 \\ -2 & 5 & 5 \\ 0 & 2 & 0 \end{vmatrix}$ (2) $\begin{vmatrix} 2 & 1 & -3 \\ -1 & 3 & 2 \\ -2 & 2 & 3 \end{vmatrix}$

**13.** 次の行列式の値を余因子展開を用いて求めよ．

(1) $\begin{vmatrix} 1 & 1 & -1 & 3 \\ 0 & 5 & 1 & 9 \\ 2 & 2 & 3 & 4 \\ 0 & 1 & 7 & 1 \end{vmatrix}$ (2) $\begin{vmatrix} 1 & 1 & 1 & 6 \\ 4 & 1 & 2 & 9 \\ 2 & 4 & 1 & 6 \\ 2 & 4 & 2 & 7 \end{vmatrix}$

◆問と節末問題の解答

問 **3.5** $A_{11} = -6, A_{12} = -3, A_{21} = 1, A_{22} = 1$

問 **3.6** $A_{11} = 4, A_{32} = 1, A_{21} = 4$

問 **3.7** $A_{21} = 6$

問 **3.8** $A_{14} = 82, A_{23} = -30, A_{44} = 43$

問 **3.9** $|A| = -4$

問 **3.10** $-2x + 4y - 2z$

問 **3.11** $|A| = 9$

**9.** $A_{11} = 7, A_{12} = 2, A_{21} = -9, A_{22} = 4$

**10.** $A_{11} = 2, A_{13} = -13, A_{32} = 3$

**11.** 5

**12.** (1) $-18$ (2) $-3$

**13.** (1) 48 (2) $-41$

## 3.4 逆行列と連立 1 次方程式

◇ **3 次正方行列の逆行列**

3.2 節では正則行列 $A$ の行列式 $|A|$ は 0 ではないことを示した.この節では,$|A|$ が 0 でないとき,$A$ の逆行列が余因子により求められることを示そう.

3 次の正方行列 $A = \begin{pmatrix} a_{11} & a_{12} & a_{13} \\ a_{21} & a_{22} & a_{23} \\ a_{31} & a_{32} & a_{33} \end{pmatrix}$ について余因子を次のように並べた行列を考えよう.

$$\begin{pmatrix} A_{11} & A_{21} & A_{31} \\ A_{12} & A_{22} & A_{32} \\ A_{13} & A_{23} & A_{33} \end{pmatrix}$$

これを**余因子行列**という.ここで,$(i,j)$ 成分は $(j,i)$ 余因子 $A_{ji}$ となっていることに注意しよう.たとえば,$(1,2)$ 成分は $A_{21}$ となっている.このように余因子を並べた行列を考えると,$|A| \neq 0$ のとき,$A$ の逆行列 $A^{-1}$ は

$$A^{-1} = \frac{1}{|A|} \begin{pmatrix} A_{11} & A_{21} & A_{31} \\ A_{12} & A_{22} & A_{32} \\ A_{13} & A_{23} & A_{33} \end{pmatrix}$$

のように求められる.

上の行列が確かに $A$ の逆行列になっていることを,もとの行列 $A$ に掛けてみることにより確かめてみよう.

$$\frac{1}{|A|} \begin{pmatrix} A_{11} & A_{21} & A_{31} \\ A_{12} & A_{22} & A_{32} \\ A_{13} & A_{23} & A_{33} \end{pmatrix} \begin{pmatrix} a_{11} & a_{12} & a_{13} \\ a_{21} & a_{22} & a_{23} \\ a_{31} & a_{32} & a_{33} \end{pmatrix}$$

たとえば,この行列の $(1,1)$ 成分は

$$\frac{1}{|A|}(a_{11}A_{11} + a_{21}A_{21} + a_{31}A_{31})$$

となるが,( ) 内は行列 $A$ の行列式の第 1 列についての余因子展開に他ならな

い．したがって，$(1,1)$ 成分は
$$\frac{1}{|A|}(a_{11}A_{11}+a_{21}A_{21}+a_{31}A_{31})=\frac{1}{|A|}|A|=1$$
となる．$(2,2)$ 成分，$(3,3)$ 成分も同様にして 1 になることが示される．

他の成分は以下のようにして 0 になることがわかる．たとえば，$(1,2)$ 成分は
$$\frac{1}{|A|}(a_{12}A_{11}+a_{22}A_{21}+a_{32}A_{31})$$
となるが，この ( ) 内は行列 $A$ の行列式の第 1 列に第 2 列の成分を入れて，第 1 列について余因子展開したものに他ならない．つまり，
$$\begin{vmatrix} a_{12} & a_{12} & a_{13} \\ a_{22} & a_{22} & a_{23} \\ a_{32} & a_{32} & a_{33} \end{vmatrix}$$
を第 1 列について余因子展開した式に等しい．これは第 1 列と第 2 列が等しいので，行列式の性質から 0 となる．

他の成分も同様にして 0 になることが確かめられる．

このようにして，余因子行列によって逆行列が求められることがわかった．

◇ **2 次正方行列の逆行列**

2 次正方行列についても，同様にして逆行列を求めることができる．2 次正方行列の逆行列が
$$\begin{pmatrix} a_{11} & a_{12} \\ a_{21} & a_{22} \end{pmatrix}^{-1}=\frac{1}{a_{11}a_{22}-a_{12}a_{21}}\begin{pmatrix} a_{22} & -a_{12} \\ -a_{21} & a_{11} \end{pmatrix}$$
のように求めれらることを学んだが，これも右辺の行列は 2 次正方行列に対する余因子行列となっている．つまり，
$$A^{-1}=\begin{pmatrix} a_{11} & a_{12} \\ a_{21} & a_{22} \end{pmatrix}^{-1}=\frac{1}{|A|}\begin{pmatrix} A_{11} & A_{21} \\ A_{12} & A_{22} \end{pmatrix}$$
である．

◇ **$n$ 次正方行列の逆行列**

同様にして，35 ページの一般の $n$ 次の正方行列 $A$ について，$|A|\neq 0$ のとき，逆行列は

---
**定理 3.2**

$$A^{-1} = \frac{1}{|A|} \begin{pmatrix} A_{11} & A_{21} & \cdots & A_{n1} \\ A_{12} & A_{22} & \cdots & A_{n2} \\ \vdots & \vdots & \ddots & \vdots \\ A_{1n} & A_{2n} & \cdots & A_{nn} \end{pmatrix}$$
---

で与えられる．

**例題 3.7** 行列 $A = \begin{pmatrix} 3 & 3 & 2 \\ 3 & 2 & 1 \\ 2 & 1 & 4 \end{pmatrix}$ について，逆行列を求めよ．

**解答** $A$ の行列式は $|A| = -11$ であるから，この行列は正則である．
各余因子は

$$A_{11} = \begin{vmatrix} 2 & 1 \\ 1 & 4 \end{vmatrix} = 7,\ A_{21} = -\begin{vmatrix} 3 & 2 \\ 1 & 4 \end{vmatrix} = -10,\ A_{31} = \begin{vmatrix} 3 & 2 \\ 2 & 1 \end{vmatrix} = -1,$$

$$A_{12} = -10,\ A_{22} = 8,\ A_{32} = 3,\ A_{13} = -1,\ A_{23} = 3,\ A_{33} = -3$$

となるから，

$$A^{-1} = -\frac{1}{11} \begin{pmatrix} 7 & -10 & -1 \\ -10 & 8 & 3 \\ -1 & 3 & -3 \end{pmatrix}$$

実際，この行列ともとの行列を掛けてみると

$$AA^{-1} = -\frac{1}{11} \begin{pmatrix} 3 & 3 & 2 \\ 3 & 2 & 1 \\ 2 & 1 & 4 \end{pmatrix} \begin{pmatrix} 7 & -10 & -1 \\ -10 & 8 & 3 \\ -1 & 3 & -3 \end{pmatrix}$$

$$= -\frac{1}{11} \begin{pmatrix} -11 & 0 & 0 \\ 0 & -11 & 0 \\ 0 & 0 & -11 \end{pmatrix} = \begin{pmatrix} 1 & 0 & 0 \\ 0 & 1 & 0 \\ 0 & 0 & 1 \end{pmatrix}$$

となり，確かに $A$ の逆行列になっていることがわかる．

**問 3.12** 次の行列の逆行列を余因子行列を用いて求めよ．

(1) $A = \begin{pmatrix} 1 & 1 & 0 \\ 0 & 1 & 1 \\ 0 & 0 & 1 \end{pmatrix}$ (2) $A = \begin{pmatrix} 3 & -4 & 3 \\ 2 & -2 & 2 \\ 1 & 3 & -1 \end{pmatrix}$

(3) $A = \begin{pmatrix} a & 1 & 1 \\ 0 & b & 1 \\ 0 & 0 & c \end{pmatrix}$　ただし，$abc \neq 0$ とする．

◇ 逆行列と連立 1 次方程式

前節で余因子行列を用いて逆行列が求められることを示したが，ここでは逆行列を利用して連立 1 次方程式を解く公式を導こう．

簡単のため，以下のような 3 元連立 1 次方程式を考えよう．

$$\begin{cases} a_{11}x + a_{12}y + a_{13}z = b_1 \\ a_{21}x + a_{22}y + a_{23}z = b_2 \\ a_{31}x + a_{32}y + a_{33}z = b_3 \end{cases}$$

この方程式は

$$A = \begin{pmatrix} a_{11} & a_{12} & a_{13} \\ a_{21} & a_{22} & a_{23} \\ a_{31} & a_{32} & a_{33} \end{pmatrix}, \quad \boldsymbol{x} = \begin{pmatrix} x \\ y \\ z \end{pmatrix}, \quad \boldsymbol{b} = \begin{pmatrix} b_1 \\ b_2 \\ b_3 \end{pmatrix}$$

とおくと，

$$A\boldsymbol{x} = \boldsymbol{b}$$

と書ける．$|A| \neq 0$ のとき，$A$ の逆行列は前節の結果を用いて

$$A^{-1} = \frac{1}{|A|} \begin{pmatrix} A_{11} & A_{21} & A_{31} \\ A_{12} & A_{22} & A_{32} \\ A_{13} & A_{23} & A_{33} \end{pmatrix}$$

と求められるから，$A^{-1}$ を両辺に左から掛けると，

$$\boldsymbol{x} = A^{-1}\boldsymbol{b} = \frac{1}{|A|} \begin{pmatrix} A_{11} & A_{21} & A_{31} \\ A_{12} & A_{22} & A_{32} \\ A_{13} & A_{23} & A_{33} \end{pmatrix} \begin{pmatrix} b_1 \\ b_2 \\ b_3 \end{pmatrix}$$

となり，これを計算すれば連立方程式の解が得られる．

上式は，行列式の性質を使うと，より見やすい形にすることができる．たと

えば，$x$ は

$$x = \frac{1}{|A|}(b_1 A_{11} + b_2 A_{21} + b_3 A_{31})$$

となるが，この( )内は行列 $A$ の第1列についての余因子展開において，第1列の成分をすべてベクトル $\boldsymbol{b}$ の成分で置き換えたものに他ならない．つまり，

$$\begin{vmatrix} b_1 & a_{12} & a_{13} \\ b_2 & a_{22} & a_{23} \\ b_3 & a_{32} & a_{33} \end{vmatrix}$$

を第1列について余因子展開した式となっている．したがって

$$x = \frac{1}{|A|} \begin{vmatrix} b_1 & a_{12} & a_{13} \\ b_2 & a_{22} & a_{23} \\ b_3 & a_{32} & a_{33} \end{vmatrix}$$

と表されることがわかる．同様にして，

$$y = \frac{1}{|A|} \begin{vmatrix} a_{11} & b_1 & a_{13} \\ a_{21} & b_2 & a_{23} \\ a_{31} & b_3 & a_{33} \end{vmatrix}, \quad z = \frac{1}{|A|} \begin{vmatrix} a_{11} & a_{12} & b_1 \\ a_{21} & a_{22} & b_2 \\ a_{31} & a_{32} & b_3 \end{vmatrix}$$

となる．これを**クラーメルの公式**という．ただし，$|A| \neq 0$ とする．

ここでは，3元連立1次方程式について解の公式を導いたが，一般の $n$ 元連立方程式についても同様にして解を求めることができる．

**例題 3.8** 連立1次方程式 $\begin{cases} 4x + 3y + 5z = 1 \\ 2x - 6y + 3z = -6 \\ 3x + 2y + 4z = 1 \end{cases}$ をクラーメルの公式を用いて解け．

**解答** $\begin{vmatrix} 4 & 3 & 5 \\ 2 & -6 & 3 \\ 3 & 2 & 4 \end{vmatrix} = -7 \neq 0$ であるから，クラーメルの公式を利用できる．

$$x = -\frac{1}{7} \begin{vmatrix} 1 & 3 & 5 \\ -6 & -6 & 3 \\ 1 & 2 & 4 \end{vmatrix} = -\frac{21}{7} = -3$$

$$y = -\frac{1}{7} \begin{vmatrix} 4 & 1 & 5 \\ 2 & -6 & 3 \\ 3 & 1 & 4 \end{vmatrix} = -\frac{-7}{7} = 1$$

$$z = -\frac{1}{7}\begin{vmatrix} 4 & 3 & 1 \\ 2 & -6 & -6 \\ 3 & 2 & 1 \end{vmatrix} = -\frac{-14}{7} = 2$$

したがって，$x = -3, y = 1, z = 2$ がこの連立方程式の解である．

**問 3.13** 次の連立 1 次方程式をクラーメルの公式を用いて解け．

(1) $\begin{cases} y - z = 1 \\ x - y + 2z = 2 \\ 2x - z = 3 \end{cases}$
(2) $\begin{cases} x + y + z = 6 \\ 2x - y + z = 3 \\ 5x + 3y - 3z = 2 \end{cases}$

## ◇ 同次連立 1 次方程式

第 2 章 2.7 節で学んだように，連立 1 次方程式の中で，右辺がすべて 0 であるものを同次連立 1 次方程式という．たとえば，3 元連立 1 次方程式の場合には

$$\begin{cases} a_{11}x + a_{12}y + a_{13}z = 0 \\ a_{21}x + a_{22}y + a_{23}z = 0 \\ a_{31}x + a_{32}y + a_{33}z = 0 \end{cases}$$

という形の方程式である．このとき，

$$A = \begin{pmatrix} a_{11} & a_{12} & a_{13} \\ a_{21} & a_{22} & a_{23} \\ a_{31} & a_{32} & a_{33} \end{pmatrix}, \quad \boldsymbol{x} = \begin{pmatrix} x \\ y \\ z \end{pmatrix}$$

とおくと，この方程式は

$$A\boldsymbol{x} = \boldsymbol{0}$$

と表される．もし，行列 $A$ が正則，すなわち $|A| \neq 0$ であるとすると，この式の両辺に左から $A^{-1}$ を掛けると，$\boldsymbol{x} = \boldsymbol{0}$ となり，$x = y = z = 0$ 以外に解はない．この解を**零解**または**自明な解**という．第 2 章で学んだように，

63 ページの定理 2.2 から，

$$|A| = 0 \Leftrightarrow A \text{ は正則でない} \Leftrightarrow \operatorname{rank} A < n$$

75 ページの定理 2.3 から，

$$\text{rank}\, A < n \Leftrightarrow 解は無限個存在する$$

ことから，次のことがいえる．

---
**定理 3.3**

同次連立 1 次方程式が零解以外の解をもつための必要十分条件は，係数行列の行列式が零になることである．

---

**例題 3.9** 同次連立 1 次方程式 $\begin{cases}(k+1)x & +y & +z=0 \\ x & +(k+1)y & +z=0 \\ x & +y & +(k+1)z=0\end{cases}$ が零解以外の解をもつように $k$ の値を定めよ．

**解答** 
$$\begin{vmatrix} k+1 & 1 & 1 \\ 1 & k+1 & 1 \\ 1 & 1 & k+1 \end{vmatrix} = (k+1)^3 + 2 - 3(k+1) = k^2(k+3) = 0$$

より，$k=0$，または $k=-3$. ∎

**問 3.14** 同次連立 1 次方程式 $\begin{cases}(3-k)x & +y & +z=0 \\ x & +(2-k)y & =0 \\ x & & +(2-k)z=0\end{cases}$ が零解以外の解をもつように $k$ の値を定めよ．

---

### 節末問題

**14.** 次の行列の逆行列の $(1,2)$ 成分，$(3,2)$ 成分はそれぞれいくらか．

(1) $A = \begin{pmatrix} 7 & 5 & -2 \\ 0 & 1 & 1 \\ 0 & 0 & 4 \end{pmatrix}$ 　(2) $A = \begin{pmatrix} -1 & -1 & 2 \\ 3 & 6 & -4 \\ -2 & 0 & 3 \end{pmatrix}$

**15.** 次の行列の逆行列を余因子行列を用いて求めよ．

(1) $A = \begin{pmatrix} 1 & 0 & 0 \\ 4 & 1 & 0 \\ 5 & 5 & 1 \end{pmatrix}$ 　(2) $A = \begin{pmatrix} 1 & 1 & 2 \\ 1 & 2 & 1 \\ 1 & 1 & 1 \end{pmatrix}$

**16.** 行列 $\begin{pmatrix} 1 & 1 & -1 & 2 \\ 0 & 1 & 2 & 9 \\ 2 & 2 & 1 & 3 \\ 3 & 4 & 0 & 7 \end{pmatrix}$ の逆行列の $(1,1)$ 成分, $(4,3)$ 成分はそれぞれいくらか.

**17.** 次の連立 1 次方程式をクラーメルの公式を用いて解け.

(1) $\begin{cases} x +2y +z = 4 \\ 2x +y -2z = 2 \\ 3x +5y +z = 8 \end{cases}$
(2) $\begin{cases} x +4y +4z = -3 \\ 2x +z = -8 \\ 3y +2z = 3 \end{cases}$

**18.** 次の同次連立 1 次方程式が零解以外の解をもつように $k$ の値を定めよ.

(1) $\begin{cases} x+ (k+3)y +z = 0 \\ (k+1)y +z = 0 \\ (k+2)z = 0 \end{cases}$

(2) $\begin{cases} (2-k)x -3y +3z = 0 \\ -x +(2-k)y -z = 0 \\ -x +3y -(2+k)z = 0 \end{cases}$

◆問と節末問題の解答

問 **3.12** (1) $A^{-1} = \begin{pmatrix} 1 & -1 & 1 \\ 0 & 1 & -1 \\ 0 & 0 & 1 \end{pmatrix}$ (2) $A^{-1} = -\dfrac{1}{4}\begin{pmatrix} -4 & 5 & -2 \\ 4 & -6 & 0 \\ 8 & -13 & 2 \end{pmatrix}$

(3) $A^{-1} = \dfrac{1}{abc}\begin{pmatrix} bc & -c & 1-b \\ 0 & ac & -a \\ 0 & 0 & ab \end{pmatrix}$

問 **3.13** (1) $\begin{vmatrix} 0 & 1 & -1 \\ 1 & -1 & 2 \\ 2 & 0 & -1 \end{vmatrix} = 3$, クラーメルの公式より $x = \dfrac{1}{3}\begin{vmatrix} 1 & 1 & -1 \\ 2 & -1 & 2 \\ 3 & 0 & -1 \end{vmatrix} = 2$, $y = \dfrac{1}{3}\begin{vmatrix} 0 & 1 & -1 \\ 1 & 2 & 2 \\ 2 & 3 & -1 \end{vmatrix} = 2$, $z = \dfrac{1}{3}\begin{vmatrix} 0 & 1 & 1 \\ 1 & -1 & 2 \\ 2 & 0 & 3 \end{vmatrix} = 1$

(2) $\begin{vmatrix} 1 & 1 & 1 \\ 2 & -1 & 1 \\ 5 & 3 & -3 \end{vmatrix} = 22$, クラーメルの公式より $x = \dfrac{1}{22}\begin{vmatrix} 6 & 1 & 1 \\ 3 & -1 & 1 \\ 2 & 3 & -3 \end{vmatrix} = 1$,

3.4 逆行列と連立 1 次方程式

$y = \dfrac{1}{22}\begin{vmatrix} 1 & 6 & 1 \\ 2 & 3 & 1 \\ 5 & 2 & -3 \end{vmatrix} = 2, \quad z = \dfrac{1}{22}\begin{vmatrix} 1 & 1 & 6 \\ 2 & -1 & 3 \\ 5 & 3 & 2 \end{vmatrix} = 3$

**問 3.14** $\begin{vmatrix} 3-k & 1 & 1 \\ 1 & 2-k & 0 \\ 1 & 0 & 2-k \end{vmatrix} = 0 = (2-k)(k-4)(k-1)$ より，$k = 1, 2, 4$

***14.*** (1) $(1,2)$ 成分は $-\dfrac{5}{7}$，$(3,2)$ 成分は $0$

(2) $(1,2)$ 成分は $\dfrac{3}{7}$，$(3,2)$ 成分は $\dfrac{2}{7}$

***15.*** (1) $|A| = 1$，$A^{-1} = \begin{pmatrix} 1 & 0 & 0 \\ -4 & 1 & 0 \\ 15 & -5 & 1 \end{pmatrix}$

(2) $|A| = -1$，$A^{-1} = \begin{pmatrix} -1 & -1 & 3 \\ 0 & 1 & -1 \\ 1 & 0 & -1 \end{pmatrix}$

***16.*** $(1,1)$ 成分は $-\dfrac{1}{23}\begin{vmatrix} 1 & 2 & 9 \\ 2 & 1 & 3 \\ 4 & 0 & 7 \end{vmatrix} = \dfrac{33}{23}$，$(4,3)$ 成分は $\dfrac{1}{23}\begin{vmatrix} 1 & 1 & -1 \\ 0 & 1 & 2 \\ 3 & 4 & 0 \end{vmatrix} = \dfrac{1}{23}$

***17.*** (1) $\begin{vmatrix} 1 & 2 & 1 \\ 2 & 1 & -2 \\ 3 & 5 & 1 \end{vmatrix} = 2$，クラーメルの公式より $x = \dfrac{1}{2}\begin{vmatrix} 4 & 2 & 1 \\ 2 & 1 & -2 \\ 8 & 5 & 1 \end{vmatrix} = 5$，

同様にして $y = -2$，$z = 3$

(2) $\begin{vmatrix} 1 & 4 & 4 \\ 2 & 0 & 1 \\ 0 & 3 & 2 \end{vmatrix} = 5$，クラーメルの公式より $x = \dfrac{1}{5}\begin{vmatrix} -3 & 4 & 4 \\ -8 & 0 & 1 \\ 3 & 3 & 2 \end{vmatrix} = -\dfrac{11}{5}$，

同様にして $y = \dfrac{17}{5}$，$z = -\dfrac{18}{5}$

***18.*** (1) $\begin{vmatrix} 1 & k+3 & 1 \\ 0 & k+1 & 1 \\ 0 & 0 & k+2 \end{vmatrix} = 0$ より，$k = -1, -2$

(2) $\begin{vmatrix} 2-k & -3 & 3 \\ -1 & 2-k & -1 \\ -1 & 3 & -(2+k) \end{vmatrix} = 0$ より，$k = 2, \pm 1$

# 4

# 行列の対角化

　この章では，「行列の対角化」について学ぶ．
　行列は連立1次方程式と密接な関係があることをこれまでに学んできた．行列が関わる問題は，連立1次方程式のように多くの変数が多くの式によって結びついている場合が多い．このような問題は，対角化という手法を用いると簡単に見通しよく解くことができる．
　この章ではいちいち断らないが，成分が実数の行列だけを考えることにする．

## 4.1 固有値と固有ベクトル

固有値や固有ベクトルは耳慣れない言葉であるが，応用上多くの場面で使われる．私たちにおなじみの電子の振る舞いは，ニュートン力学ではなく量子力学によって記述される．そこでは測定可能な量 (オブザーバブルという) はすべて行列となっている．量子力学ではオブザーバブルの関数，すなわち行列の関数がしばしばでてくる．行列の関数の中でもっとも基本的な，行列の $n$ 乗を考えよう．

正方行列 $A$ が，ある正則行列 $P$ で次のように対角行列 $D$ に変換されるとしよう．

$$P^{-1}AP = D$$

すると，$A = PDP^{-1}$ となるので，

$$\begin{aligned}
A^n &= (PDP^{-1})^n \\
&= (PDP^{-1})(PDP^{-1})\cdots(PDP^{-1}) \\
&= PD(P^{-1}P)D(P^{-1}P)\cdots(P^{-1}P)DP^{-1} \\
&= PDEDE\cdots EDP^{-1} \\
&= PD^nP^{-1}
\end{aligned}$$

となって，$A^n$ の計算が $D^n$ の計算に帰着され，計算が簡単になる．

正方行列 $A$ に対し，正則行列 $P$ をうまく選んで $P^{-1}AP$ が対角行列になるようにすることを $A$ を**対角化**するという．このとき行列 $P$ を**変換の行列**という．

◇ 固有値・固有ベクトルの定義

2 行 2 列の 2 つの行列

$$A = \begin{pmatrix} 1 & 2 \\ 3 & 4 \end{pmatrix}$$

を考える．行列の積

$$B = \begin{pmatrix} a & c \\ b & d \end{pmatrix}$$

$$AB = C = \begin{pmatrix} a' & c' \\ b' & d' \end{pmatrix}$$

は

$$C = \begin{pmatrix} a+2b & c+2d \\ 3a+4b & 3c+4d \end{pmatrix}$$

となり，これを列ごとにながめると，$a,b$ と $c,d$ の組に分かれていることがわかる．すなわち，この行列の積は

$$\begin{pmatrix} a' \\ b' \end{pmatrix} = \begin{pmatrix} 1 & 2 \\ 3 & 4 \end{pmatrix} \begin{pmatrix} a \\ b \end{pmatrix}$$

$$\begin{pmatrix} c' \\ d' \end{pmatrix} = \begin{pmatrix} 1 & 2 \\ 3 & 4 \end{pmatrix} \begin{pmatrix} c \\ d \end{pmatrix}$$

という2つの計算を同時に行ったものとみなすことができる．

そこで，さらに

$$\boldsymbol{p} = \begin{pmatrix} a \\ b \end{pmatrix}, \quad \boldsymbol{q} = \begin{pmatrix} c \\ d \end{pmatrix}$$

とおき，

$$B = (\boldsymbol{p}\ \boldsymbol{q}) = \begin{pmatrix} a & c \\ b & d \end{pmatrix}$$

とおくと，

$$C = AB = (A\boldsymbol{p}\ \ A\boldsymbol{q})$$

となる．すなわち，ある行列 $B$ に左から行列 $A$ を掛けることは，$B$ の各列ベクトルに対してそれぞれ左から行列 $A$ を掛けることと同じである．列ベクトルを並べて行列をつくるという考えはよく出てくる．

いま，列ベクトル

$$\boldsymbol{p} = \begin{pmatrix} a \\ b \end{pmatrix}$$

を考えると，$\boldsymbol{q} = A\boldsymbol{p}$ はまた1つの列ベクトルとなり，行列 $A$ を左から掛けることはあるベクトル $\boldsymbol{p}$ を別のベクトル $\boldsymbol{q}$ に変換する働きがあることがわかる．

4.1 固有値と固有ベクトル

ここで $\boldsymbol{0}$ 以外のベクトル $\boldsymbol{p}$ をうまく選ぶと，$\boldsymbol{q}$ を $\boldsymbol{p}$ のスカラー倍とすることができる場合がある．
$$A\boldsymbol{p} = \lambda \boldsymbol{p} \quad (\lambda \text{ はスカラー})$$
このとき，$\lambda$ を $A$ の**固有値**といい，このような $\boldsymbol{0}$ でないベクトル $\boldsymbol{p}$ を $A$ の固有値 $\lambda$ に属する**固有ベクトル**という．言い換えると，固有ベクトルに行列 $A$ を掛けたものは，もとの固有ベクトルと平行なベクトルとなっているのである．

◇ 行列の対角化

平面内の 2 つのベクトル
$$\boldsymbol{p} = \begin{pmatrix} x_1 \\ y_1 \end{pmatrix}, \qquad \boldsymbol{q} = \begin{pmatrix} x_2 \\ y_2 \end{pmatrix}$$
を考える．このベクトルを並べて行列
$$P = (\boldsymbol{p}\ \boldsymbol{q}) = \begin{pmatrix} x_1 & x_2 \\ y_1 & y_2 \end{pmatrix}$$
をつくる．この行列 $P$ と対角行列
$$\begin{pmatrix} a & 0 \\ 0 & b \end{pmatrix}$$
の積をつくると，
$$P \begin{pmatrix} a & 0 \\ 0 & b \end{pmatrix} = \begin{pmatrix} ax_1 & bx_2 \\ ay_1 & by_2 \end{pmatrix} = (a\boldsymbol{p}\ b\boldsymbol{q})$$
となる．すなわち行列 $P$ の 2 つの列ベクトルは，それぞれ $a$ 倍，$b$ 倍されていることがわかる．ここで対角行列は右側から掛けていることに注意する．

次に，行列 $A$ の固有ベクトルが 2 つ得られたとしよう．
$$A\boldsymbol{p}_1 = \lambda_1 \boldsymbol{p}_1, \quad A\boldsymbol{p}_2 = \lambda_2 \boldsymbol{p}_2$$
ただし，$\boldsymbol{p}_1$ と $\boldsymbol{p}_2$ は 1 次独立とする．このベクトルを並べて行列
$$P = (\boldsymbol{p}_1\ \boldsymbol{p}_2)$$
をつくると，
$$AP = (A\boldsymbol{p}_1 \quad A\boldsymbol{p}_2) = (\lambda_1 \boldsymbol{p}_1 \quad \lambda_2 \boldsymbol{p}_2) = P \begin{pmatrix} \lambda_1 & 0 \\ 0 & \lambda_2 \end{pmatrix}$$

となることがわかる．もし，行列 $P$ が正則であれば，
$$P^{-1}AP = \begin{pmatrix} \lambda_1 & 0 \\ 0 & \lambda_2 \end{pmatrix}$$
と変換できる．すなわち，この場合は行列 $A$ を対角行列に変換することができる．このとき，できた対角行列の対角成分はもとの行列 $A$ の固有値である．

◇ 固有値・固有ベクトルの求め方

2次の正方行列 $A$ が与えられたとする．その固有ベクトル $\bm{p} = \begin{pmatrix} x \\ y \end{pmatrix}$ と，固有値 $\lambda$ を求めよう．固有ベクトルの定義は
$$A\bm{p} = \lambda\bm{p} \quad \text{かつ} \quad \bm{p} \neq \bm{0}$$
であった．これは
$$A\bm{p} = \lambda E\bm{p} \quad (E \text{ は単位行列})$$
とか書けるから，右辺の項を移項して左辺に集めると
$$(A - \lambda E)\bm{p} = \bm{0}$$
これは，固有ベクトルの成分を未知数とする同次連立1次方程式となる．すでに前章の同次連立1次方程式のところで学んだように，この方程式が，零ベクトル以外の解をもつためには
$$|A - \lambda E| = 0$$
となることが必要十分である．この式 (**固有方程式**という) を満足する $\lambda$ を探すことにより，固有値が求まる．固有値が求まったら，上の条件式 (同次連立次1方程式) を解くことにより，固有ベクトルが求められる．任意の次数の正方行列に対しても，同様の手順で固有ベクトルを求めることができる．

以下具体的に例題によって説明しよう．

**例題 4.1** 行列 $A = \begin{pmatrix} 1 & 4 \\ 2 & 3 \end{pmatrix}$ の固有値とそれに属する固有ベクトルを求めよ．

**解答** 固有方程式は
$$\begin{vmatrix} 1-\lambda & 4 \\ 2 & 3-\lambda \end{vmatrix} = 0$$

$$(1-\lambda)(3-\lambda) - 8 = 0$$
$$\lambda^2 - 4\lambda - 5 = 0$$
$$(\lambda - 5)(\lambda + 1) = 0$$

したがって，固有値は $5$ と $-1$ となる．

$\lambda = 5$ の場合，固有ベクトルは次式の解となる．
$$\begin{pmatrix} 1 & 4 \\ 2 & 3 \end{pmatrix} \begin{pmatrix} x \\ y \end{pmatrix} = 5 \begin{pmatrix} x \\ y \end{pmatrix}$$

すなわち，
$$x + 4y = 5x, \quad 2x + 3y = 5y$$

したがって，
$$x = y \quad \text{となる．}$$

これは無数に解があり，任意の定数を $c_1 (\neq 0)$ とおいて
$$x = c_1, \quad y = c_1 \quad \text{と表すことができる．}$$

すなわち，固有ベクトルは
$$c_1 \begin{pmatrix} 1 \\ 1 \end{pmatrix}, \quad c_1 \neq 0$$

となる．

同様にして，$\lambda = -1$ の場合，固有ベクトルは
$$c_2 \begin{pmatrix} 2 \\ -1 \end{pmatrix} \quad (c_2 \text{は} 0 \text{以外の任意の定数})$$

となる．

**問 4.1** 行列 $A = \begin{pmatrix} 1 & 2 \\ 8 & 1 \end{pmatrix}$ の固有値とそれに属する固有ベクトルを求めよ．

**例題 4.2** 行列 $A = \begin{pmatrix} 1 & 0 & 1 \\ 0 & -1 & 0 \\ 6 & 0 & 0 \end{pmatrix}$ の固有値とそれに属する固有ベクトルを求めよ．

**解答** 固有方程式は

$$\begin{vmatrix} 1-\lambda & 0 & 1 \\ 0 & -1-\lambda & 0 \\ 6 & 0 & -\lambda \end{vmatrix} = 0$$

$$\lambda(1-\lambda)(1+\lambda) + 6(1+\lambda) = 0$$

$$-(1+\lambda)(\lambda^2 - \lambda - 6) = 0$$

$$-(1+\lambda)(\lambda - 3)(\lambda + 2) = 0$$

したがって，固有値は $-1, -2, 3$ となる．
$\lambda = -1$ の場合，固有ベクトルは次式の解となる．

$$\begin{pmatrix} 1 & 0 & 1 \\ 0 & -1 & 0 \\ 6 & 0 & 0 \end{pmatrix} \begin{pmatrix} x \\ y \\ z \end{pmatrix} = - \begin{pmatrix} x \\ y \\ z \end{pmatrix}$$

$$x + z = -x, \quad -y = -y, \quad 6x = -z$$

これを解くと，

$$x = z = 0, \quad y \text{ は任意}$$

となる．任意の 0 でない定数を $c_1$ とおいて

$$x = 0, y = c_1, z = 0$$

すなわち，固有ベクトルは

$$c_1 \begin{pmatrix} 0 \\ 1 \\ 0 \end{pmatrix}, \quad c_1 \neq 0$$

となる．
同様にして，$\lambda = -2$ の場合，固有ベクトルは

$$c_2 \begin{pmatrix} 1 \\ 0 \\ -3 \end{pmatrix} \quad (c_2 \text{ は 0 でない任意の定数})$$

$\lambda = 3$ の場合,固有ベクトルは

$$c_3 \begin{pmatrix} 1 \\ 0 \\ 2 \end{pmatrix} \quad (c_3 \text{ は } 0 \text{ でない任意の定数})$$

となる.

**問 4.2** 行列 $A = \begin{pmatrix} 1 & 0 & 2 \\ 0 & -1 & 0 \\ 2 & 0 & -2 \end{pmatrix}$ の固有値とそれに属する固有ベクトルを求めよ.

このように,固有方程式は 2 次の正方行列では 2 次方程式になり,解は重複を含めて 2 つある.また,3 次の正方行列では 3 次方程式になり,解は重複を含めて 3 個の解がある.一般に,$n$ 次正方行列の固有方程式は $n$ 次方程式になり,解は重複を含めて $n$ 個ある.

◇ **固有値の性質**

行列 $A$ の固有値を $\lambda$ とすれば

$$|A - \lambda E| = 0$$

ところで,行列 $A - \lambda E$ の行列式とその転置行列 ${}^t(A - \lambda E)$ の行列式は等しいので,

$$|{}^t(A - \lambda E)| = 0$$
$$|{}^tA - \lambda E| = 0$$

となる.これから次の関係が成り立つ.

> ある行列の固有値と,その行列の転置行列の固有値は等しい.

**問 4.3** 次の 2 つの行列の固有値が等しいことを確かめよ.
$$A = \begin{pmatrix} 1 & 5 \\ 2 & 4 \end{pmatrix}, \quad B = \begin{pmatrix} 1 & 2 \\ 5 & 4 \end{pmatrix}$$

行列 $A$ を対角化して $D$ になったとする.
$$P^{-1}AP = D$$
行列式 $|A|$ を考えよう.
$$|D| = |P^{-1}AP| = |P^{-1}| \cdot |A| \cdot |P| = |P|^{-1} \cdot |A| \cdot |P| = |A|$$
したがって,
$$|A| = |D|$$
対角行列の行列式は対角成分の積に等しい. 一般に, 次の関係が成り立つ.

> 行列式 $|A|$ は, $A$ のすべての固有値の積に等しい.

証明は省略するが固有値の性質を以下にまとめておこう.

> 正則行列 $A$ の逆行列 $A^{-1}$ の固有値は, $A$ の固有値の逆数となる.

> 行列 $A^k$ の固有値は, $A$ の固有値の $k$ 乗となる. ただし $k = 1, 2, 3, \cdots$ とする.

> $A$ の固有値が $\lambda$ のとき, 行列 $A + \mu E$ の固有値は $\lambda + \mu$ となる. ここで $\mu$ はスカラーである.

**例題 4.3** 行列 $A = \begin{pmatrix} 1 & 4 \\ 2 & 3 \end{pmatrix}$ の固有値を求め, その積が行列式 $|A|$ に等しいことを確かめよ.

**解答** 固有値はすでに例題 4.1 で求めてあり, $5, -1$ であった. その積は $-5$ である. 一方, 行列式は
$$|A| = 1 \times 3 - 4 \times 2 = 3 - 8 = -5$$
となって, 固有値の積と等しい.

**問 4.4** 行列 $A = \begin{pmatrix} 1 & 0 & 2 \\ 0 & -1 & 0 \\ 2 & 0 & -2 \end{pmatrix}$ のすべての固有値の積と, 行列式 $|A|$ をそれぞれ別々に計算して等しくなることを確かめよ.

## 節末問題

**1.** 次の行列 $A$ の固有値を求め，すべての固有値の積が行列式 $|A|$ に等しいことを確かめよ．

(1) $A = \begin{pmatrix} 2 & 1 \\ 1 & 2 \end{pmatrix}$   (2) $A = \begin{pmatrix} 1 & 4 & 1 \\ 0 & 2 & 1 \\ 0 & 0 & 3 \end{pmatrix}$

**2.** 次の行列 $A$ に対し，$A + 3E$ および $A^{-1}$ の固有値とそれに属する固有ベクトルを求めよ．

(1) $A = \begin{pmatrix} 2 & 1 \\ 1 & 2 \end{pmatrix}$   (2) $A = \begin{pmatrix} 1 & 4 & 1 \\ 0 & 2 & 1 \\ 0 & 0 & 3 \end{pmatrix}$

◆問と節末問題の解答

**問 4.1** 固有値 $-3$，固有ベクトル $c_1 \begin{pmatrix} 1 \\ -2 \end{pmatrix}$，固有値 $5$，固有ベクトル $c_2 \begin{pmatrix} 1 \\ 2 \end{pmatrix}$ ただし，$c_1, c_2 \neq 0$

**問 4.2** 固有値 $-3$，　固有ベクトル $c_1 \begin{pmatrix} 1 \\ 0 \\ -2 \end{pmatrix}$, $c_1 \neq 0$,

固有値 $-1$，　固有ベクトル $c_2 \begin{pmatrix} 0 \\ 1 \\ 0 \end{pmatrix}$, $c_2 \neq 0$,

固有値 $2$，　固有ベクトル $c_3 \begin{pmatrix} 2 \\ 0 \\ 1 \end{pmatrix}$, $c_3 \neq 0$.

**問 4.3** 固有値 $-1, 6$

**問 4.4** 固有値 $-3, -1, 2$　以下略

**1.** (1) 固有値 $1, 3$　行列式 $3$　(2) 固有値 $1, 2, 3$　行列式 $6$

**2.** (1) $A + 3E$ の固有値 $4, 6$　$A^{-1}$ の固有値 $1, \dfrac{1}{3}$　固有ベクトルは省略

(2) $A + 3E$ の固有値 $4, 5, 6$　$A^{-1}$ の固有値 $1, \dfrac{1}{2}, \dfrac{1}{3}$　固有ベクトルは省略

## 4.2　2次正方行列の対角化

正方行列を対角行列に変換することを考えよう．一般に，正方行列が与えられたとき，この行列をいつも対角行列に変換できるとは限らない．変換可能であるための条件は何か，またどのように変換できるのかを知るためには，固有値や固有ベクトルの求め方がわかることが必要となる．以下の2節では，一般論はやめて，具体的な2次と3次の正方行列の場合について，対角行列に変換する方法を示すことにする．

◇ **2次正方行列の対角化**

再び，以下の行列を取り上げよう (111 ページの例題 4.1 参照)．

$$A = \begin{pmatrix} 1 & 4 \\ 2 & 3 \end{pmatrix}$$

この行列の固有値と固有ベクトルは，$c_1, c_2$ を 0 でない任意の定数として

$$\lambda = 5: \qquad c_1 \begin{pmatrix} 1 \\ 1 \end{pmatrix}, \qquad c_1 \neq 0$$

$$\lambda = -1: \qquad c_2 \begin{pmatrix} 2 \\ -1 \end{pmatrix}, \qquad c_2 \neq 0$$

であった．

$c_1, c_2$ を 1 とおいてできる，固有ベクトルを並べて行列をつくる．できた行列を $P$ としよう．

$$P = \begin{pmatrix} 1 & 2 \\ 1 & -1 \end{pmatrix}$$

行列 $A$ と $P$ の積をつくると，4.1 節の固有値と固有ベクトルのところで説明したように

$$AP = P \begin{pmatrix} 5 & 0 \\ 0 & -1 \end{pmatrix}$$

と書くことができる．ここで現れた対角行列を $D$ とすると

$$AP = PD$$

行列 $P$ は正則である．この両辺に，左から $P^{-1}$ を掛けると
$$P^{-1}AP = D = \begin{pmatrix} 5 & 0 \\ 0 & -1 \end{pmatrix}$$
となって，行列 $A$ を行列 $P^{-1}$ と行列 $P$ ではさむことによって対角行列に変換できたことになる．

以上では $c_1, c_2$ を 1 とおいたが，0 以外の勝手な数をとってよい．すると，$P$ は変わってくるが，変換されて得られる対角行列は同じものとなる．また，$P$ をつくるとき固有ベクトルの順序を入れ替えてもよい．その場合は，変換されて得られる対角行列の固有値の場所が入れ替わる．たとえば，
$$P = \begin{pmatrix} 2 & 1 \\ -1 & 1 \end{pmatrix}$$
と選ぶなら，
$$P^{-1}AP = \begin{pmatrix} -1 & 0 \\ 0 & 5 \end{pmatrix}$$
となる．対角化するときには，どちらの変換行列を選んでもよい．

**問 4.5** 行列 $A = \begin{pmatrix} 1 & 1 \\ 16 & 1 \end{pmatrix}$ を対角化せよ．

しかし，すべての 2 次正方行列が対角化できるとは限らない．対角化できない例を考えよう．
$$A = \begin{pmatrix} 1 & 1 \\ 0 & 1 \end{pmatrix}$$
この行列の固有値と固有ベクトルを求めてみる．固有方程式は
$$\begin{vmatrix} 1-\lambda & 1 \\ 0 & 1-\lambda \end{vmatrix} = 0$$
$$(1-\lambda)^2 = 0$$
したがって，固有値は 1 (重解) である．

固有ベクトルを $\boldsymbol{p} = \begin{pmatrix} x \\ y \end{pmatrix}$ とすると，
$$x + y = x$$

したがって，$x = c$（任意の定数），$y = 0$ となり，固有ベクトルは本質的に 1 つだけになる．このような場合は対角化できない．対角化できるためには，1 次独立な固有ベクトルが 2 つ存在しなければならないのである．

最後に，変換の行列 $P$ の求め方の手順をまとめておこう．

> (1) 固有方程式を解き，固有値を求める．
> (2) 各固有値に属する固有ベクトルを求める．
> (3) 固有ベクトルを並べて行列 $P$ をつくる．

### 節末問題

**3.** 次の行列 $A$ を対角化せよ．

(1) $A = \begin{pmatrix} 1 & 3 \\ 4 & 2 \end{pmatrix}$　　(2) $A = \begin{pmatrix} 1 & 1 \\ 1 & 1 \end{pmatrix}$

◆問と節末問題の解答

問 4.5　$P = \begin{pmatrix} 1 & 1 \\ -4 & 4 \end{pmatrix}, P^{-1}AP = \begin{pmatrix} -3 & 0 \\ 0 & 5 \end{pmatrix}$

**3.** (1) $P = \begin{pmatrix} 1 & 3 \\ -1 & 4 \end{pmatrix}, P^{-1}AP = \begin{pmatrix} -2 & 0 \\ 0 & 5 \end{pmatrix}$

(2) $P = \begin{pmatrix} 1 & 1 \\ -1 & 1 \end{pmatrix}, P^{-1}AP = \begin{pmatrix} 0 & 0 \\ 0 & 2 \end{pmatrix}$

## 4.3　3次正方行列の対角化

◇ **3次正方行列の対角化**

この場合も対角化の手順は2次正方行列の場合と同じである．以下では具体的な例について対角化の方法を示そう．

**例題 4.4**　行列 $A = \begin{pmatrix} 1 & 0 & 1 \\ 0 & -1 & 0 \\ 6 & 0 & 0 \end{pmatrix}$ を対角化せよ．

**解答**　前に例題 4.2 で計算したように，この行列の固有値と固有ベクトルは次の通りである．

$$\lambda = -1: \quad c_1 \begin{pmatrix} 0 \\ 1 \\ 0 \end{pmatrix}, \quad c_1 \neq 0$$

$$\lambda = -2: \quad c_2 \begin{pmatrix} 1 \\ 0 \\ -3 \end{pmatrix}, \quad c_2 \neq 0$$

$$\lambda = 3: \quad c_3 \begin{pmatrix} 1 \\ 0 \\ 2 \end{pmatrix}, \quad c_3 \neq 0$$

ここで，$c_1 = c_2 = c_3 = 1$ とおき，これらのベクトルを並べて行列 $P$ をつくる．

$$P = \begin{pmatrix} 0 & 1 & 1 \\ 1 & 0 & 0 \\ 0 & -3 & 2 \end{pmatrix}$$

これから，

$$AP = P \begin{pmatrix} -1 & 0 & 0 \\ 0 & -2 & 0 \\ 0 & 0 & 3 \end{pmatrix}$$

したがって，

$$P^{-1}AP = \begin{pmatrix} -1 & 0 & 0 \\ 0 & -2 & 0 \\ 0 & 0 & 3 \end{pmatrix}$$

**(注)** 前に述べたように変換の行列をつくるとき，固有ベクトルの並べ方を変えると，それに応じて対角化されて得られる対角行列の対角成分 (固有値) の順序が変わる．

◇ **固有値が重解の場合**

上の例では固有値がすべて異なっていた．しかし，固有値の中に等しいものがある場合は少し話が違ってくる．例題によって考えてみよう．

**例題 4.5** 行列 $A = \begin{pmatrix} 3 & 2 & -2 \\ -2 & -1 & 2 \\ 1 & 1 & 0 \end{pmatrix}$ を対角化せよ．

**解答** 固有方程式は次のようになる．

$$\begin{vmatrix} 3-\lambda & 2 & -2 \\ -2 & -1-\lambda & 2 \\ 1 & 1 & -\lambda \end{vmatrix} = 0$$

3列目を1列目と2列目に加えると

$$\begin{vmatrix} 1-\lambda & 0 & -2 \\ 0 & 1-\lambda & 2 \\ 1-\lambda & 1-\lambda & -\lambda \end{vmatrix} = 0$$

これを1列目について展開し整理すると

$$\lambda(\lambda-1)^2 = 0.$$

したがって，固有値は 0 と 1 (重解) である．
次に，固有ベクトルを求める．
$\lambda = 0$ のとき，これまでと同じようにして

$$c \begin{pmatrix} 2 \\ -2 \\ 1 \end{pmatrix} \quad (c \text{ は 0 でない任意の定数})$$

となる．
$\lambda = 1$ のとき，固有ベクトルを

$$\begin{pmatrix} x \\ y \\ z \end{pmatrix}$$

とおくと
$$\begin{cases} 2x+ 2y- 2z = 0 \\ -2x- 2y+ 2z = 0 \\ x+ y- z = 0 \end{cases}$$
となる．
この連立方程式の係数行列のランクは 1 であり，実質的に 3 つの方程式は同じであるので，2 つの未知数は勝手に決めてよいことになる．それを $x = s, y = t$ ($s, t$ は任意の数) としよう．すると $z = s+t$ となる．したがって，固有ベクトルは
$$\begin{pmatrix} s \\ t \\ s+t \end{pmatrix} = s\begin{pmatrix} 1 \\ 0 \\ 1 \end{pmatrix} + t\begin{pmatrix} 0 \\ 1 \\ 1 \end{pmatrix}, \quad s,t \neq 0$$
係数 $s, t$ が付いている 2 つのベクトルは 1 次独立であり，それらを 2 つの固有ベクトルとして変換の行列 $P$ をつくると，
$$P = \begin{pmatrix} 2 & 1 & 0 \\ -2 & 0 & 1 \\ 1 & 1 & 1 \end{pmatrix}$$
となる．これから
$$AP = P\begin{pmatrix} 0 & 0 & 0 \\ 0 & 1 & 0 \\ 0 & 0 & 1 \end{pmatrix}$$
となるので
$$P^{-1}AP = \begin{pmatrix} 0 & 0 & 0 \\ 0 & 1 & 0 \\ 0 & 0 & 1 \end{pmatrix}$$
と対角化される．

このように，固有方程式が重解 (2 重解) をもつ場合でも，それに属する 1 次独立な 2 つの固有ベクトルが存在するときは対角化できる．

(**注意 1**)　2つの1次独立な固有ベクトルの選び方は1通りには決まらない．上の解は1つの例である．

(**注意 2**)　固有ベクトルに (計算間違いによって) 零ベクトルを入れている人が多く見られるが，固有ベクトルに零ベクトルを入れてはいけない．なぜなら対角化をするための行列 $P$ が逆行列をもたなくなるからである．零ベクトルは固有ベクトルでないと約束したのはこのためである．

一般に，次の関係が成り立つ．

> $n$ 次の正方行列 $A$ は，1次独立な固有ベクトルが $n$ 個存在するとき，対角化することができる．特に，固有値が $n$ 個あってすべて異なる実数であれば必ず対角化できる．

### 節末問題

**4.** 次の行列 $A$ を対角化せよ．

(1) $A = \begin{pmatrix} 1 & 4 & 1 \\ 0 & 2 & 1 \\ 0 & 0 & 3 \end{pmatrix}$　　(2) $A = \begin{pmatrix} 3 & 1 & 1 \\ 1 & 2 & 0 \\ 1 & 0 & 2 \end{pmatrix}$

(3) $A = \begin{pmatrix} 1 & -1 & -1 \\ -1 & 1 & -1 \\ -1 & -1 & 1 \end{pmatrix}$

◆問と節末問題の解答

**4.**　(1) $P = \begin{pmatrix} 1 & 4 & 5 \\ 0 & 1 & 2 \\ 0 & 0 & 2 \end{pmatrix}, P^{-1}AP = \begin{pmatrix} 1 & 0 & 0 \\ 0 & 2 & 0 \\ 0 & 0 & 3 \end{pmatrix}$

(2) $P = \begin{pmatrix} 1 & 0 & 2 \\ -1 & 1 & 1 \\ -1 & -1 & 1 \end{pmatrix}, P^{-1}AP = \begin{pmatrix} 1 & 0 & 0 \\ 0 & 2 & 0 \\ 0 & 0 & 4 \end{pmatrix}$

(3) $P = \begin{pmatrix} 1 & 1 & 1 \\ 1 & -1 & 0 \\ 1 & 0 & -1 \end{pmatrix}, P^{-1}AP = \begin{pmatrix} -1 & 0 & 0 \\ 0 & 2 & 0 \\ 0 & 0 & 2 \end{pmatrix}$

## 4.4 対称行列と直交行列

◇ **直交行列**

実数の成分をもつ正方行列 $P$ が ${}^tPP = E$ を満足するとき，$P$ を**直交行列**という．直交行列 $P$ は正則で，$P^{-1} = {}^tP$ である．

**例題 4.6** $A = \begin{pmatrix} \cos\theta & -\sin\theta \\ \sin\theta & \cos\theta \end{pmatrix}$ は直交行列であることを示せ．

**解答**
$$\begin{aligned}
{}^tAA &= \begin{pmatrix} \cos\theta & \sin\theta \\ -\sin\theta & \cos\theta \end{pmatrix}\begin{pmatrix} \cos\theta & -\sin\theta \\ \sin\theta & \cos\theta \end{pmatrix} \\
&= \begin{pmatrix} \cos^2\theta + \sin^2\theta & 0 \\ 0 & \sin^2\theta + \cos^2\theta \end{pmatrix} \\
&= \begin{pmatrix} 1 & 0 \\ 0 & 1 \end{pmatrix} = E_2
\end{aligned}$$

◇ **直交行列の性質**

$n$ 次の直交行列 $P$ を列ベクトルを並べたものとして考えよう．第 $j$ 列のベクトルを $\boldsymbol{p}_j$ とすると

$$P = \begin{pmatrix} \boldsymbol{p}_1 & \boldsymbol{p}_2 & \boldsymbol{p}_3 & \cdots & \boldsymbol{p}_n \end{pmatrix}$$

この行列の転置行列 ${}^tP$ は各 $\boldsymbol{p}_j$ を転置してできる行ベクトルを並べたものと考えることができるので，

$${}^tP = \begin{pmatrix} {}^t\boldsymbol{p}_1 \\ {}^t\boldsymbol{p}_2 \\ \cdot \\ \cdot \\ {}^t\boldsymbol{p}_n \end{pmatrix}, \quad (i,j = 1, 2, \cdots, n)$$

と書ける．すると行列の積 ${}^tPP$ の $(i,j)$ 成分はベクトルの内積 $\boldsymbol{p}_i \cdot \boldsymbol{p}_j$ で表される．直交行列の定義により

$$\boldsymbol{p}_i \cdot \boldsymbol{p}_j = \delta_{ij} \quad (i,j = 1, 2, \cdots, n)$$

である．ここで $\delta_{ij}$ はクロネッカーのデルタとよばれる記号で，$i=j$ のとき 1 で，それ以外は 0 となる．すなわち，

> 直交行列の各列ベクトルは互いに直交している

のである．これが直交行列の名前の由来である．さらに，$i=j$ のときは，列ベクトルの内積はベクトルの大きさの 2 乗に等しいので，

> 直交行列の各列ベクトルの大きさは 1 である

ことがわかる．これを逆に利用して，直交行列をつくるときは各列ベクトルの大きさを 1 にすればよいことがわかる．あとで述べるように，対称行列の異なる固有値に対する固有ベクトルは互いに直交することがわかっているので，その場合は固有ベクトルをその大きさが 1 となるように並べれば直交行列をつくることができる．

直交行列の重要な性質として

> 直交行列とベクトルとの積は元のベクトルと同じ大きさのベクトルとなる

がある．これを 2 次の行列に対して説明しておこう．直交行列を

$$P = \begin{pmatrix} a & b \\ c & d \end{pmatrix}$$

とし，ベクトル

$$\boldsymbol{p} = \begin{pmatrix} x \\ y \end{pmatrix}$$

を考える．直交行列の性質から

$$a^2 + c^2 = 1, \quad ab + cd = 0, \quad b^2 + d^2 = 1$$

が成り立つ．

$$\boldsymbol{p}' = \begin{pmatrix} x' \\ y' \end{pmatrix} = P\boldsymbol{p}$$

とすると

$$x' = ax + by, \quad y' = cx + dy$$

ベクトル $\boldsymbol{p}'$ の大きさ (の 2 乗) は
$$|\boldsymbol{p}'|^2 = (x')^2 + (y')^2 = (ax+by)^2 + (cx+dy)^2$$
$$= (a^2+c^2)x^2 + 2(ab+cd)xy + (b^2+d^2)y^2$$
$$= x^2 + y^2$$
となって，元のベクトルの大きさ (の 2 乗)
$$|\boldsymbol{p}|^2 = x^2 + y^2$$
と等しい．

一般の次数の直交行列に対しても，同じようにして示すことができる．

◇ 対称行列と交代行列

$n$ 次正方行列 $A$ の $(i,j)$ 成分を $a_{ij}$ と表すことにする．このとき，$a_{ij} = a_{ji} (i,j=1,2,\cdots,n)$ であるものを**対称行列**といった．つまり，対称行列 $A$ は ${}^tA = A$ を満たす．

また，$a_{ij} = -a_{ji} (i,j=1,2,\cdots,n)$ であるものを**交代行列**という．交代行列 $A$ は ${}^tA = -A$ を満たす．

任意の $n$ 次の正方行列 $A$ は対称行列 $S$ と交代行列 $T$ の和 $A = S + T$ で表すことができる．この場合，$S = \dfrac{A + {}^tA}{2}, T = \dfrac{A - {}^tA}{2}$ となる．

◇ 対称行列の直交行列による対角化

対称行列を対角化することを考えよう．ここでは，実数の成分をもつ対称行列を扱う．

まず，証明抜きで対称行列に関する重要な性質をあげておこう．

> 対称行列の固有値はすべて実数である．

> 対称行列の異なる固有値に対応する固有ベクトルは互いに直交する．

> 対称行列は直交行列によって対角化できる．

以下の例題で，実際に対称行列を対角化してみよう．

**例題 4.7** 対称行列 $A = \begin{pmatrix} 1 & 2 \\ 2 & -2 \end{pmatrix}$ を直交行列によって対角化せよ．

**解答** まず，固有方程式の解を求める．

$$\begin{vmatrix} 1-\lambda & 2 \\ 2 & -2-\lambda \end{vmatrix} = 0$$

$$\lambda^2 + \lambda - 6 = 0$$

$$(\lambda - 2)(\lambda + 3) = 0$$

したがって，固有値は $2, -3$ となる．
次に，固有ベクトルを求める．固有ベクトルを

$$\begin{pmatrix} x \\ y \end{pmatrix}$$

とおく．
$\lambda = 2$ のとき，

$$\begin{cases} -x + 2y = 0 \\ 2x - 4y = 0 \end{cases}$$

となるから，求める固有ベクトルは

$$\boldsymbol{p}_1 = c_1 \begin{pmatrix} 2 \\ 1 \end{pmatrix} \quad (c_1 \text{ は } 0 \text{ 以外の任意の定数})$$

となる．
また，$\lambda = -3$ のとき，

$$\begin{cases} 4x + 2y = 0 \\ 2x + y = 0 \end{cases}$$

より，求める固有ベクトルは

$$\boldsymbol{p}_2 = c_2 \begin{pmatrix} 1 \\ -2 \end{pmatrix} \quad (c_2 \text{ は } 0 \text{ 以外の任意の定数})$$

となる．この2つの固有ベクトルは直交していることに注意しよう．

$A$ を対角行列にする直交行列を求めるためには，これらの固有ベクトルの大きさを 1 とすればよい．したがって，

$$(2c_1)^2 + c_1{}^2 = 1$$
$$(c_2)^2 + (-2c_2)^2 = 1$$

となる．これから，

$$c_1{}^2 = \frac{1}{5}, \quad c_2{}^2 = \frac{1}{5}$$

となるが，このうち $p_1, p_2$ が 1 次独立となるものを 2 つ選べばよいから，符号は勝手に選んでよい．そこで，

$$c_1 = c_2 = \frac{1}{\sqrt{5}}$$

とする．
したがって，求める直交行列は

$$P = \frac{1}{\sqrt{5}} \begin{pmatrix} 2 & 1 \\ 1 & -2 \end{pmatrix}$$

となる．
この行列によって，$A$ は次のように対角化される．

$$P^{-1}AP = {}^t\!PAP = \begin{pmatrix} 2 & 0 \\ 0 & -3 \end{pmatrix}$$

**問 4.6** 対称行列 $A = \begin{pmatrix} 1 & 2 \\ 2 & 1 \end{pmatrix}$ を直交行列により対角化せよ．

3 次の対称行列でも同様にして直交行列により対角化することができる．

**例題 4.8** 対称行列 $A = \begin{pmatrix} 1 & 1 & -1 \\ 1 & 1 & -1 \\ -1 & -1 & 1 \end{pmatrix}$ を直交行列により対角化せよ．

**解答** 固有方程式は

$$\begin{vmatrix} 1-\lambda & 1 & -1 \\ 1 & 1-\lambda & -1 \\ -1 & -1 & 1-\lambda \end{vmatrix} = 0$$

3列目を1列目と2列目に加えると
$$\begin{vmatrix} -\lambda & 0 & -1 \\ 0 & -\lambda & -1 \\ -\lambda & -\lambda & 1-\lambda \end{vmatrix} = 0$$
となり，3行目から1行目を引くと
$$\begin{vmatrix} -\lambda & 0 & -1 \\ 0 & -\lambda & -1 \\ 0 & -\lambda & 2-\lambda \end{vmatrix} = 0$$
となる．1列目に関して展開して整理すると
$$-\lambda^2(\lambda-3) = 0$$
となるから，固有値は $0$(重解)$,3$ である．

固有ベクトルを
$$\begin{pmatrix} x \\ y \\ z \end{pmatrix}$$
とおくと，

$\lambda = 0$ のときは，
$$x + y - z = 0$$
となるから，$x = s$, $y = t$ とおいて，固有ベクトルは
$$s\begin{pmatrix} 1 \\ 0 \\ 1 \end{pmatrix} + t\begin{pmatrix} 0 \\ 1 \\ 1 \end{pmatrix}$$
と求められる．まず，1つの固有ベクトル (大きさ1とする) は，$t=0$ とすれば
$$s\begin{pmatrix} 1 \\ 0 \\ 1 \end{pmatrix}$$
となるから，このベクトルの大きさを1にするためには，$s = \dfrac{1}{\sqrt{2}}$ と選べばよ

い．もう 1 つの固有ベクトルは，いま求めた $s = \dfrac{1}{\sqrt{2}}, t = 0$ としたベクトル

$$\frac{1}{\sqrt{2}}\begin{pmatrix} 1 \\ 0 \\ 1 \end{pmatrix}$$

と直交するように選ばなくてはならない．

$$\frac{1}{\sqrt{2}}\begin{pmatrix} 1 \\ 0 \\ 1 \end{pmatrix} \cdot \begin{pmatrix} s \\ t \\ s+t \end{pmatrix} = 0$$

$$\frac{1}{\sqrt{2}}(2s + t) = 0$$

これから，$t = -2s$ となる．さらに，大きさを 1 とすると $6s^2 = 1$ であり，結局求める第 2 の固有ベクトルは

$$\frac{1}{\sqrt{6}}\begin{pmatrix} 1 \\ -2 \\ -1 \end{pmatrix}$$

となる．

$\lambda = 3$ の場合は

$$-2x + y - z = 0$$
$$x - 2y - z = 0$$

これから，$x = c$ とおいて $y = c, z = -c$ となり，大きさを 1 とすることから $c = \dfrac{1}{\sqrt{3}}$ となる．

したがって，求める直交行列は

$$P = \begin{pmatrix} \dfrac{1}{\sqrt{2}} & \dfrac{1}{\sqrt{6}} & \dfrac{1}{\sqrt{3}} \\ 0 & -\dfrac{2}{\sqrt{6}} & \dfrac{1}{\sqrt{3}} \\ \dfrac{1}{\sqrt{2}} & -\dfrac{1}{\sqrt{6}} & -\dfrac{1}{\sqrt{3}} \end{pmatrix} = \frac{1}{\sqrt{6}}\begin{pmatrix} \sqrt{3} & 1 & \sqrt{2} \\ 0 & -2 & \sqrt{2} \\ \sqrt{3} & -1 & -\sqrt{2} \end{pmatrix}$$

となる．この直交行列 $P$ によって行列 $A$ は対角化され，
$$\,^t\!PAP = \begin{pmatrix} 0 & 0 & 0 \\ 0 & 0 & 0 \\ 0 & 0 & 3 \end{pmatrix}$$
となる．

**問 4.7** 次の対称行列を直交行列で対角化せよ．

(1) $A = \begin{pmatrix} 2 & 1 & 0 \\ 1 & 2 & 0 \\ 0 & 0 & 2 \end{pmatrix}$ (2) $A = \begin{pmatrix} -1 & 1 & 1 \\ 1 & -1 & 1 \\ 1 & 1 & -1 \end{pmatrix}$

### 節末問題

**5.** 次の対称行列を直交行列で対角化せよ．

(1) $A = \begin{pmatrix} 0 & 2 \\ 2 & 3 \end{pmatrix}$ (2) $A = \begin{pmatrix} 2 & 1 \\ 1 & 2 \end{pmatrix}$

**6.** 次の対称行列を直交行列で対角化せよ．

(1) $A = \begin{pmatrix} 1 & 0 & 2 \\ 0 & 1 & 2 \\ 2 & 2 & -1 \end{pmatrix}$ (2) $A = \begin{pmatrix} 2 & 1 & 1 \\ 1 & 2 & 1 \\ 1 & 1 & 2 \end{pmatrix}$

◆問と節末問題の解答

**問 4.6** $P = \dfrac{1}{\sqrt{2}}\begin{pmatrix} 1 & 1 \\ -1 & 1 \end{pmatrix}$, $\,^t\!PAP = \begin{pmatrix} -1 & 0 \\ 0 & 3 \end{pmatrix}$

**問 4.7** (1) $P = \dfrac{1}{\sqrt{2}}\begin{pmatrix} 1 & 0 & 1 \\ -1 & 0 & 1 \\ 0 & \sqrt{2} & 0 \end{pmatrix}$, $\,^t\!PAP = \begin{pmatrix} 1 & 0 & 0 \\ 0 & 2 & 0 \\ 0 & 0 & 3 \end{pmatrix}$

(2) $P = \dfrac{1}{\sqrt{6}}\begin{pmatrix} \sqrt{2} & \sqrt{3} & 1 \\ \sqrt{2} & -\sqrt{3} & 1 \\ \sqrt{2} & 0 & -2 \end{pmatrix}$, $\,^t\!PAP = \begin{pmatrix} 1 & 0 & 0 \\ 0 & -2 & 0 \\ 0 & 0 & -2 \end{pmatrix}$

**5.** (1) $P = \dfrac{1}{\sqrt{5}}\begin{pmatrix} 2 & 1 \\ -1 & 2 \end{pmatrix}$, $\,^t\!PAP = \begin{pmatrix} -1 & 0 \\ 0 & 4 \end{pmatrix}$

(2) $P = \dfrac{1}{\sqrt{2}}\begin{pmatrix} 1 & 1 \\ -1 & 1 \end{pmatrix}$, $\,^t\!PAP = \begin{pmatrix} 1 & 0 \\ 0 & 3 \end{pmatrix}$

**6.** (1) $P = \dfrac{1}{\sqrt{6}}\begin{pmatrix} 1 & \sqrt{3} & \sqrt{2} \\ 1 & -\sqrt{3} & \sqrt{2} \\ -2 & 0 & \sqrt{2} \end{pmatrix}$, ${}^tPAP = \begin{pmatrix} -3 & 0 & 0 \\ 0 & 1 & 0 \\ 0 & 0 & 3 \end{pmatrix}$

(2) $P = \dfrac{1}{\sqrt{6}}\begin{pmatrix} \sqrt{2} & \sqrt{3} & 1 \\ \sqrt{2} & 0 & -2 \\ \sqrt{2} & -\sqrt{3} & 1 \end{pmatrix}$, ${}^tPAP = \begin{pmatrix} 4 & 0 & 0 \\ 0 & 1 & 0 \\ 0 & 0 & 1 \end{pmatrix}$

# A

行列の基本性質と応用

## A.1 行基本変形への分解

◇ 行基本変形

---- 行基本変形の記号 ----

(i) $r$ 行と $s$ 行を交換することを $P_{rs}$ と書く．

(ii) $r$ 行に零でない定数 $\lambda$ を掛けることを $M_r(\lambda)$ と書く．

(iii) $r \neq s$ のとき，$r$ 行に $s$ 行の $\lambda$ 倍を加えることを $A_{rs}(\lambda)$ と書く．

---

$P_{rs}$ を 2 度繰り返すと元に戻る．$M_r(\lambda)$ と $M_r(\lambda^{-1})$ を行えば元に戻る．$A_{rs}(\lambda)$ と $A_{rs}(-\lambda)$ を行えば元に戻る．$M_r(\lambda)$ は単位行列の $r$ 行目の 1 を $\lambda$ で置き換えた行列を左から掛けることに相当する．$A_{rs}(\lambda)$ は単位行列の $(r, s)$ 成分を $\lambda$ に置き換えた行列を左から掛けることに相当する．$P_{rs}$ は単位行列の $(r, r)$ 成分と $(r, s)$ を交換，$(s, s)$ 成分と $(s, r)$ 成分を交換した行列を左から掛けることに相当する．しかし $P_{rs}$ は $A_{rs}(1) \longrightarrow A_{sr}(-1) \longrightarrow A_{rs}(1) \longrightarrow M_s(-1)$ と分解できる．これらの変形は元に戻すことができる．以上のことをより具体的に示そう．まず，上の行基本変形に対応する次の 3 種の正方行列 $P_{rs}$, $M_r(\lambda)$, $A_{rs}(\lambda)$ を定義しよう．

(i) $(r, s)$ 交換行列 $P_{rs} : r \neq s$ とする．

$$P_{rs} = \begin{pmatrix} 1 & & & & & & & 0 \\ & \ddots & \vdots & & \vdots & & & \\ & \cdots & 0 & \cdots & 1 & \cdots & & \\ & & & 1 & & & & \\ & & \vdots & & \ddots & \vdots & & \\ & & & & & 1 & & \\ & \cdots & 1 & \cdots & 0 & \cdots & & \\ & & & & & & \ddots & \\ 0 & & & & & & & 1 \end{pmatrix} \begin{matrix} \\ \\ r\,行 \\ \\ \\ \\ s\,行 \\ \\ \\ \end{matrix}$$

($r$ 列, $s$ 列)

とおく．

(ii) $\lambda$ 倍行列 $M_r(\lambda)$ : $i$ 番目の対角成分が $\lambda$，他は 1 の対角行列．ここで $\lambda \neq 0$ とする．

$$M_r(\lambda) = r\,\text{行} \begin{pmatrix} 1 & 0 & & \stackrel{r\,\text{列}}{} & & 0 \\ 0 & \ddots & \vdots & & & \\ & \cdots & \lambda & \cdots & & \\ & & & & \ddots & \\ 0 & & & & & 1 \end{pmatrix}.$$

(iii) $A_{rs}(\lambda)$ : 単位行列の $(r,s)$ 成分を 1 にした行列

$$A_{rs}(\lambda) = r\,\text{行} \begin{pmatrix} 1 & & & \stackrel{s\,\text{列}}{} & & \\ & \ddots & \cdots & \lambda & \cdots & \\ & & 1 & & & \\ & & & & \ddots & \\ & & & & & 1 \end{pmatrix}.$$

行基本変形が可逆な変形であることは次の行列の関係からわかる．

$$P_{rs}P_{rs} = E, \quad M_r(\lambda^{-1})M_r(\lambda) = E, \quad A_{rs}(-\lambda)A_{rs}(\lambda) = E$$

行基本変形に対応する行列は正則行列である．

$r$ 行と $s$ 行の交換は変形 (i) と (ii) で表せる．

$$P_{rs} = M_s(-1)A_{rs}(1)A_{sr}(-1)A_{rs}(1)$$

**例題 A.1** $A = \begin{pmatrix} a_1 & b_1 & c_1 \\ a_2 & b_2 & c_2 \\ a_3 & b_3 & c_3 \end{pmatrix}$ のとき，$P_{12}A,\ M_2(\lambda)A,\ M_{12}(\lambda)A$ を計算せよ．

**解答**

$$P_{1,2}A = \begin{pmatrix} 0 & 1 & 0 \\ 1 & 0 & 0 \\ 0 & 0 & 1 \end{pmatrix}\begin{pmatrix} a_1 & b_1 & c_1 \\ a_2 & b_2 & c_2 \\ a_3 & b_3 & c_3 \end{pmatrix}$$

$$= \begin{pmatrix} a_2 & b_2 & c_2 \\ a_1 & b_1 & c_1 \\ a_3 & b_3 & c_3 \end{pmatrix}. \tag{A.1}$$

$$M_2(\lambda)A = \begin{pmatrix} 1 & 0 & 0 \\ 0 & \lambda & 0 \\ 0 & 0 & 1 \end{pmatrix} \begin{pmatrix} a_1 & b_1 & c_1 \\ a_2 & b_2 & c_2 \\ a_3 & b_3 & c_3 \end{pmatrix}$$

$$= \begin{pmatrix} a_1 & b_1 & c_1 \\ \lambda a_2 & \lambda b_2 & \lambda c_2 \\ a_3 & b_3 & c_3 \end{pmatrix}. \tag{A.2}$$

$$M_{1,2}(\lambda)A = \begin{pmatrix} 1 & \lambda & 0 \\ 0 & 1 & 0 \\ 0 & 0 & 1 \end{pmatrix} \begin{pmatrix} a_1 & b_1 & c_1 \\ a_2 & b_2 & c_2 \\ a_3 & b_3 & c_3 \end{pmatrix}$$

$$= \begin{pmatrix} a_1 + \lambda a_2 & b_1 + \lambda b_2 & c_1 + \lambda c_2 \\ a_2 & b_2 & c_2 \\ a_3 & b_3 & c_3 \end{pmatrix}. \tag{A.3}$$

正則とは限らない正方行列を左から掛けることを考えてみよう．まず階段形になっている正方行列から考察する．

― (準備) ―

$M_r(\lambda)$ の $\lambda$ が零となってもよければ，すべての階段正方行列は 2 種類の行列 $M_r(\lambda)$, $A_{rs}(\lambda)$ の積で書ける．特に，行基本変形の標準形は 2 種類の行列 $M_r(\lambda)$ ($\lambda \neq 0$), $A_{rs}(\lambda)$ の積で書ける．

(証明) 階段行列を左から掛けることを考える．1 行目の変形は $M_1(\lambda)$, $A_{1s}(\lambda)$ の積で書ける．2 行目の変形は階段行列なので 1 行目の情報はいらず，$M_2(\lambda)$, $A_{2s}(\lambda)$ の積で書ける．3 行目の変形は階段行列なので 2 行目までの情報はいらず，$M_3(\lambda)$, $A_{3s}(\lambda)$ の積で書ける．このようにして，すべての階段正方行列は $M_r(\lambda)$, $A_{rs}(\lambda)$ の積で書ける．

行基本変形は「(ii) 1 つの行を零以外の定数倍する」，「(iii) 1 つの行に他の行の何倍かを加える」の操作のみで「(i) 2 つの行を交換する」は不要であった．

「(iv) 1 つの行を零倍する」を付け加えた変形を考えれば，もはや元には戻

れない変形となる.

> **定理 A.1**
>
> 行基本変形と (iv) の変形は行列の左から対応する正方行列を掛けることと同じである．すなわち，任意の正方行列はこれらの変形に対応する 2 種類の行列 $A_{rs}(\lambda)$, $M_r(\lambda)$ の積として書ける．

(証明)　正方行列を行基本変形で階段正方行列に変形する．階段正方行列は 2 種類の行列 $M_r(\lambda)$, $A_{rs}(\lambda)$ の積で書ける． ∎

次に，正方行列とは限らない行列の場合を考えよう．さらに，「(v) 1 番下の零行ベクトルを取り除く」「(vi) 1 番下の零行ベクトルをさしはさむ」の変形を許せば正方とは限らない行列を左から掛けることになる．

> **定理 A.2**
>
> 行基本変形に (iv) (v) (vi) の変形を許せば行列の左から対応する行列を掛けることと同じである．任意の行列はこれらの変形に対応する行列の積として書ける．

(証明)　行基本変形によって階段行列に変形する．(v), (vi) の変形で階段正方行列にする．階段正方行列は (ii), (iii), (iv) の変形に対応する行列の積と書ける．(v), (vi) の変形で元の行列の型にもどす． ∎

◇ **行基本変形による標準形についての補充**

行列 $A$ に行基本変形をすれば，以下のような行基本変形による標準形に必ず到達する．

$$PA = \begin{pmatrix} 1 & -2 & 0 & 5 & 0 & 5 \\ 0 & 0 & 1 & 7 & 0 & 4 \\ 0 & 0 & 0 & 0 & 1 & 3 \\ 0 & 0 & 0 & 0 & 0 & 0 \end{pmatrix}$$

A.1　行基本変形への分解

ここで，$P$ は行基本変形に対応する行列とする．さらに，「(v) 1 番下の零行ベクトルを取り除く」の変形をすれば

$$\begin{pmatrix} 1 & -2 & 0 & 5 & 0 & 5 \\ 0 & 0 & 1 & 7 & 0 & 4 \\ 0 & 0 & 0 & 0 & 1 & 3 \end{pmatrix}$$

となる．このような行列を行基本変形による**被約標準形**とよぼう．

## A.2 階数の不変性

◇ 行基本変形と転置による標準形

**例題 A.2** $P = \begin{pmatrix} p_{11} & p_{12} & \cdots & p_{1n} \\ p_{21} & p_{22} & \cdots & p_{2n} \\ \vdots & \vdots & \vdots & \vdots \\ p_{n1} & p_{n2} & \cdots & p_{nn} \end{pmatrix}, Q = \begin{pmatrix} q_{11} & q_{12} & \cdots & q_{1n} \\ q_{21} & q_{22} & \cdots & q_{2n} \\ \vdots & \vdots & \vdots & \vdots \\ q_{n1} & q_{n2} & \cdots & q_{nn} \end{pmatrix}$ とする.

つぎの行列の計算をしなさい.

(1) $\begin{pmatrix} p_{11} & p_{12} & \cdots & p_{1n} \\ p_{21} & p_{22} & \cdots & p_{2n} \\ \vdots & \vdots & \vdots & \vdots \\ p_{n1} & p_{n2} & \cdots & p_{nn} \end{pmatrix} \begin{pmatrix} E_r & 0 \\ 0 & 0 \end{pmatrix}$

(2) $\begin{pmatrix} E_s & 0 \\ 0 & 0 \end{pmatrix} \begin{pmatrix} q_{11} & q_{12} & \cdots & q_{1n} \\ q_{21} & q_{22} & \cdots & q_{2n} \\ \vdots & \vdots & \vdots & \vdots \\ q_{n1} & q_{n2} & \cdots & q_{nn} \end{pmatrix}$

さらに, $P, Q$ が正則行列のとき, 上の2つの行列の積が等しければ $r = s$ となること示せ.

**解答** (1) $\begin{pmatrix} p_{11} & p_{12} & \cdots & p_{1n} \\ p_{21} & p_{22} & \cdots & p_{2n} \\ \vdots & \vdots & \vdots & \vdots \\ p_{n1} & p_{n2} & \cdots & p_{nn} \end{pmatrix} \begin{pmatrix} E_r & 0 \\ 0 & 0 \end{pmatrix} = \begin{pmatrix} p_{11} & \cdots & p_{1r} & 0 \\ p_{21} & \cdots & p_{2r} & 0 \\ \vdots & \vdots & \vdots & 0 \\ p_{n1} & p_{n2} & p_{nr} & 0 \end{pmatrix}$.

(2) $\begin{pmatrix} E_s & 0 \\ 0 & 0 \end{pmatrix} \begin{pmatrix} q_{11} & q_{12} & \cdots & q_{1n} \\ q_{21} & q_{22} & \cdots & q_{2n} \\ \vdots & \vdots & \vdots & \vdots \\ q_{n1} & q_{n2} & \cdots & q_{nn} \end{pmatrix} = \begin{pmatrix} q_{11} & \cdots & \cdots & q_{1n} \\ \vdots & \vdots & \vdots & \vdots \\ q_{s1} & q_{s2} & \cdots & q_{sn} \\ 0 & 0 & 0 & 0 \end{pmatrix}$.

これから，行列 $P$ は $P = \begin{pmatrix} p_{11} & \cdots & p_{1r} & \cdots \\ p_{21} & \cdots & p_{2r} & \cdots \\ \vdots & \vdots & \vdots & \vdots \\ p_{s1} & \cdots & p_{sr} & \cdots \\ 0 & 0 & 0 & \cdots \\ \vdots & \vdots & \vdots & \vdots \\ 0 & 0 & 0 & \cdots \end{pmatrix}$ の形となる．$r > s$ と仮定すれば (実は，rank $P \leqq n - (r-s)$ であるが)，$P$ の成分が $0$ の部分が対角線を超えてはみ出すほど多くて，$P$ は行基本変形によって単位行列に変形できない．よって $P$ は正則行列ではなく矛盾する．$r < s$ のときは，転置して同様に，${}^t Q$ が正則行列にならないことがいえる．よって，$r = s$ でなければならない． ∎

---

**定理 A.3**

行列 $A$ に対して正則行列 $P, Q$ が存在して $PAQ = \begin{pmatrix} E_r & 0 \\ 0 & 0 \end{pmatrix}$ とできる．

---

**(証明)** 正則行列 $P$ で $PA$ が階段行列かつすべての零でない左端の成分が $1$ でその列の他の成分はすべて $0$ となっているような行基本変形による標準形にできる．${}^t(PA)$ に同様なことをして正則行列 ${}^t Q$ によって，${}^t Q {}^t(PA) = \begin{pmatrix} E_r & 0 \\ 0 & 0 \end{pmatrix}$ とできる．これを転置して結果を得る． ∎

---

**定理 A.4**

2組の正則行列 $P_1, P_2, Q_1, Q_2$ に対して $P_1 A Q_1 = \begin{pmatrix} E_r & 0 \\ 0 & 0 \end{pmatrix}$, $P_2 A Q_2 = \begin{pmatrix} E_s & 0 \\ 0 & 0 \end{pmatrix}$ ならば $r = s$．

(証明) $P_1 A Q_1 = \begin{pmatrix} E_r & 0 \\ 0 & 0 \end{pmatrix}, P_2 A Q_2 = \begin{pmatrix} E_s & 0 \\ 0 & 0 \end{pmatrix}$ から，$A$ を2通りに表せて，$A = P_1^{-1} \begin{pmatrix} E_r & 0 \\ 0 & 0 \end{pmatrix} Q_1^{-1} = P_2^{-1} \begin{pmatrix} E_s & 0 \\ 0 & 0 \end{pmatrix} Q_2^{-1}$ と書ける．変形して $P_2 P_1^{-1} \begin{pmatrix} E_r & 0 \\ 0 & 0 \end{pmatrix} = \begin{pmatrix} E_s & 0 \\ 0 & 0 \end{pmatrix} Q_2^{-1} Q_1$ を得る．よって上の例題から，$r = s$． ∎

---
**定理 A.5**

$$\operatorname{rank}{}^t\!A = \operatorname{rank} A$$

---

(証明) 行列 $A$ に対して正則行列 $P, Q$ が存在して $PAQ = \begin{pmatrix} E_r & 0 \\ 0 & 0 \end{pmatrix}$ とできるので，これを転置して ${}^t\!Q\,{}^t\!A\,{}^t\!P = \begin{pmatrix} E_r & 0 \\ 0 & 0 \end{pmatrix}$ を得る．よって $\operatorname{rank}{}^t\!A = \operatorname{rank} A$． ∎

## A.3　行列の積の階数の評価

◇ 行列の積と行列の階数

　ベクトルの集合 $S = \{\boldsymbol{a}_1, \boldsymbol{a}_2, \cdots, \boldsymbol{a}_n\}$ の階数 $\operatorname{rank} S$ は $S$ によって張られる部分ベクトル空間 $\{c_1\boldsymbol{a}_1 + c_2\boldsymbol{a}_2 + \cdots + c_n\boldsymbol{a}_n\}$ ($c_1, c_2, \cdots, c_n$ は任意) の次元として定義できる．すると，$m \times n$ 行列 $A$ の階数とは $A$ の $m$ 個の行ベクトルの集合 $S$ が張る $n$ 次元数ベクトル空間の部分空間の次元となる．$S$ から行基本変形で $T$ に行ベクトルの集合を変えてもそれらが張るベクトル空間は変わらない．行基本変形で階段行列にすると 1 次独立な部分がすぐにわかる．$A$ の $m$ 個の行ベクトルの張るベクトル空間の基底を見つける 1 つの手続きが行基本変形によって階段行列を求めることである．

　$\min\{3, 5\} = 3$ という 2 つの数の大きくない方を表す記号を用いて次がいえる．

---
**定理 A.6**

$$\operatorname{rank} AB \leqq \min\{\operatorname{rank} A, \operatorname{rank} B\}$$
---

(証明)　$\operatorname{rank} AB \leqq \operatorname{rank} B$ を示せばよい．実際，転置しても階数は不変なので上の式から $\operatorname{rank} {}^t(AB) = \operatorname{rank} {}^tB{}^tA \leqq \operatorname{rank} {}^tA$ が得られる．さて，$B$ の左から $A$ を掛けるということは行基本変形と (iv)–(vi) の変形を繰り返すことに等しい．「(iv) 1 つの行を零倍する」という変形で階数が減ることがある．よって問題の不等式は証明された． ∎

---
**定理 A.7**

　行列 $A, B$ が正方行列のとき，積 $AB$ が正則ならば，$A$ も $B$ も正則である．
---

(証明)　$A, B$ が $n$ 次正方行列とする．$n = \operatorname{rank} AB \leqq \min\{\operatorname{rank} A, \operatorname{rank} B\}$ より $\operatorname{rank} A = \operatorname{rank} B = n$ となる． ∎

---
**定理 A.8**

積 $AB$ が定義されるとき，$A$ の列数と $B$ の行数は等しいので，それを $n$ とおくと $\operatorname{rank} A + \operatorname{rank} B - n \leqq \operatorname{rank} AB$ となる．

---

(証明)　$\operatorname{rank} A = r$ とすれば，$PAQ = \begin{pmatrix} E_r & 0 \\ 0 & 0 \end{pmatrix}$ となる正則行列 $P, Q$ がある．$P$ は正則なので階数を変えないから，$\operatorname{rank} PAQQ^{-1}B = \operatorname{rank} AB$ が成り立つ．一方，$(PAQ)Q^{-1}B = \begin{pmatrix} E_r & 0 \\ 0 & 0 \end{pmatrix} Q^{-1}B$ を見れば $Q^{-1}B$ の上から $r$ 行までだけがそのまま残ってそれ以下の行は零ベクトルとなる．したがって，$Q^{-1}B$ の行ベクトルで階数に寄与する行ベクトルが $Q^{-1}B$ の下の行に集中している場合が階数が一番低下するときである．こうして，$\operatorname{rank} B = s$ とおくと，上から $r$ 行と下から $s$ 行の共通となる行は $\max\{r+s-n, 0\}$ だけある．よって $\max\{r+s-n, 0\} \leqq \operatorname{rank} AB$ が成り立つ．　∎

$m \times n$ 行列 $A$ の行ベクトル全部の張るベクトル空間と列ベクトル全部の張るベクトル空間が大切である．上記の定理よりこの 2 つのベクトル空間の次元は共に $\operatorname{rank} A$ に等しい．正則行列 $P$ と $Q$ を $A$ の左右に掛けても 2 つのベクトル空間は変わらない．$P$ と $Q$ が正則でなければ 2 つのベクトル空間は部分空間に縮小することがある．

## A.4　階数による連立 1 次方程式の解の構造の分類

◇ 連立 1 次方程式の解法

未知数が $n$ 個で $m$ 個の式の連立 1 次方程式

$$\begin{cases} a_{11}x_1+ a_{12}x_2+ a_{13}x_3 + \cdots + a_{1n}x_n = b_1 \\ a_{21}x_1+ a_{22}x_2+ a_{23}x_3 + \cdots + a_{2n}x_n = b_2 \\ a_{31}x_1+ a_{32}x_2+ a_{33}x_3 + \cdots + a_{3n}x_n = b_3 \\ \qquad\qquad\qquad\cdots \\ a_{m1}x_1+a_{m2}x_2+a_{m3}x_3+\cdots+a_{mn}x_n=b_m \end{cases}$$

の係数行列を $A$ 拡大係数行列を $B$ とする.

拡大係数行列 $B$ に行基本変形と列の交換をして, それに応じた未知数の順番を交換すれば次のような**標準形**に変形できる.

$$\begin{pmatrix} E & A' & \boldsymbol{b}' \\ 0 & 0 & \boldsymbol{b}'' \end{pmatrix}$$

ただし, $E$ は $r$ 次の単位行列, $r = \mathrm{rank}\, A$, $A'$ は $r \times (n-r)$ 行列, $\boldsymbol{b}'$, $\boldsymbol{b}''$ はそれぞれ $r \times 1$ 行列, $(m-r) \times 1$ 行列である. この行列を拡大係数行列とする連立 1 次方程式を書けば $\boldsymbol{b}'' = \boldsymbol{0}$ となることが解が存在する条件になる.

$E$ に対応する $r$ 個の未知数がそれ以外の $(n-r)$ 個の未知数の 1 次式で表される. この $(n-r)$ 個の未知数は任意の値をとることができる.

---

**定理 A.9**

(1) $\mathrm{rank}\, A < \mathrm{rank}\, B$ ならば, 解なし.

(2) $\mathrm{rank}\, A = \mathrm{rank}\, B$ ならば, 解がある.

$n$ 個の未知数のうち $(n-r)$ 個の未知数は任意の値をとり, 残りの $r$ 個の未知数は任意の値をとる $(n-r)$ 個の未知数の 1 次式で表される. ただし, $r = \mathrm{rank}\, A$.

◇ 同次連立 1 次方程式

連立方程式の右辺がすべて 0 のとき**同次連立 1 次方程式**という．

---
**定理 A.10**

未知数が $n$ 個で $m$ 個の式からなる同次 1 次連立方程式
$$\begin{cases} a_{11}x_1 + a_{12}x_2 + a_{13}x_3 + \cdots + a_{1n}x_n = 0 \\ a_{21}x_1 + a_{22}x_2 + a_{23}x_3 + \cdots + a_{2n}x_n = 0 \\ a_{31}x_1 + a_{32}x_2 + a_{33}x_3 + \cdots + a_{3n}x_n = 0 \\ \qquad\qquad\qquad \cdots \\ a_{m1}x_1 + a_{m2}x_2 + a_{m3}x_3 + \cdots + a_{mn}x_n = 0 \end{cases}$$
の係数行列を $A$ とする．
(1) $\operatorname{rank} A = n \Leftrightarrow x_1 = x_2 = x_3 = \cdots = x_n = 0$ の解しかない．
(2) $\operatorname{rank} A < n \Leftrightarrow (n-r)$ 個の未知数は任意の値をとり，残りの $r$ の未知数は $n-r$ 個の任意の値をとる未知数の定数項をもたない 1 次式で表される．ただし，$r = \operatorname{rank} A$.

---

# 索　引

## あ　行

相等しい, 35
1 次従属, 12
1 次独立, 12
上三角行列, 48
$x$ 成分, 5
$m$ 行 $n$ 列の行列, 34
同じ型, 35

## か　行

階数 (ランク), 58
階段行列, 57
拡大係数行列, 55, 68
奇順列, 81
逆行列, 50
逆ベクトル, 3
行, 34
共役複素数, 19
行基本変形, 55
行基本変形による標準形, 58
行ベクトル, 34
行列, 33
行列式, 80
極形式, 22
虚軸, 22
虚数, 17

虚数単位, 17
虚数部分, 17
虚部, 17
偶順列, 81
クラーメルの公式, 102
係数行列, 55, 67
交代行列, 127
固有値, 110
固有ベクトル, 110
固有方程式, 111

## さ　行

下三角行列, 49
実軸, 22
実数部分, 17
実部, 17
始点, 2
自明な解, 103
終点, 2
純虚数, 17
順列, 81
スカラー, 2
正則行列, 50
成分表示, 5
正方行列, 35
絶対値, 19
線形従属, 12
線形独立, 12

## た　行

対角化, 108
対角行列, 48
対角成分, 35
対称行列, 48, 127
単位行列, 35
単位ベクトル, 3
直交行列, 125
定数ベクトル, 67
転置, 47
転置行列, 47
同次連立 1 次方程式, 75, 147

## な　行

内積, 9

## は　行

掃き出し法, 66, 69
被約標準形, 140
標準形, 146
複素数, 17
複素数平面, 22
ベクトル, 2
偏角, 22

変換の行列, 108

**や 行**

有向線分, 2
余因子, 91
余因子行列, 98

余因子展開, 94

**ら 行**

零解, 75, 103
零行列, 35
零ベクトル, 2

列, 34
列ベクトル, 34
連立1次方程式, 67

**わ 行**

$y$ 成分, 5

#### 分担執筆者

第1章1.1, 1.2, 第3章　　江崎ひろみ　東京工芸大学
第1章1.3〜1.5, 第4章　　石川 琢磨　東京工芸大学
第2章, 付録　　　　　　　前原 和寿　東京工芸大学

## 線形代数
せんけいだいすう

2008年11月10日　第1版　第1刷　発行
2022年 2月25日　第1版　第7刷　発行

著　者　　江崎ひろみ
　　　　　石川 琢磨
　　　　　前原 和寿
発行者　　発田 和子
発行所　　株式会社　学術図書出版社

〒113-0033　東京都文京区本郷5丁目4の6
TEL 03-3811-0889　振替 00110-4-28454
印刷　三松堂印刷(株)

定価はカバーに表示してあります。

本書の一部または全部を無断で複写(コピー)・複製・転載することは，著作権法でみとめられた場合を除き，著作者および出版社の権利の侵害となります．あらかじめ，小社に許諾を求めて下さい．

© 2008　H. ESAKI　T. ISHIKAWA　K. MAEHARA
Printed in Japan
ISBN978-4-7806-0112-1　C3041